「套公式」就可以快速端出一桌好菜

微波爐
邏輯調理
公式

前田量子

楓葉社

老實說，我以前很討厭微波爐調理。

現在回想起來，那時我只是「還沒嘗試就排斥」，或許是因為微波爐不像鍋具那樣看得到烹煮過程，食材放進爐內後全都交給機器烹調，感覺很像黑箱作業。

不過在製作食譜時，也接到不少使用微波爐烹調菜單的委託，因此在幾年前我下定決心使用微波爐來煮兒子的便當菜，才逐漸開始使用微波爐調理。

結果一試就沉迷其中。

從結論來說，
我認為沒有比微波爐更具邏輯性的調理器具了。
關於微波爐調理的調味、火候和加熱時間，
只需套入公式即可。
如此簡單就能做出完全相同的料理，
根本就是「魔法箱」。

本書是從調理科學的觀點，將微波爐的調味和加熱時間公式化，再根據公式來製作食譜。
重量是微波爐調理的一大重點，但由於調理途中一直秤重相當麻煩，因此我經過多次驗證與摸索，盡量將重量和時間單純化。
最後終於完成了任何人都能簡單且安全做出符合料理合格基準的食譜，呈現在各位讀者面前。

若本書能幫助各位稍微減輕調理每日三餐的心力與負擔，
擁有美味、愉快又健康的飲食生活，將是筆者的榮幸。

前田量子 管理營養士

CONTENTS 目次

掌握這點就能成為微波爐高手 ❶

微波爐調理 **【調味的公式】**

將食材放進箱內後只需等待，不用顧鍋是微波爐調理的優點；反過來說，也具有加熱途中不易調整調味的缺點。因此，調味在一開始就要處理好！

相對於 食材重量 ⇒ **以鹽分濃度 約1% 來決定調味**

食材重量×0.01(1%)＝鹽量

例如：牛肉蓋飯（P12）

（牛肉200g＋洋蔥100g）×0.01（1%）＝鹽3g

食材是指魚、肉及蔬菜等。
先在電子料理秤放上耐熱容器，使用扣重（扣掉容器重量來計量）功能將重量歸零後，再放入食材。食材的總重量相當重要。本書的食譜分量為2～3人份，食材約200～300g。

─── { **ONE-POINT LESSON** } ───

最好先記住用手指抓鹽時少許和一撮的基準。
建議用電子料理秤秤重，了解自己抓鹽時的習慣。

少許
以大拇指和食指兩根手指所抓的量。鹽量基準為0.5g左右。

一撮
以大拇指、食指和中指三根手指所抓的量。鹽量基準約為0.7～1g。

為何以鹽分濃度約1%來決定調味呢？

任何人都覺得美味的鹽分濃度約為1%

鹹味

甜味　　　酸味

5味

鮮味　　　苦味

在調理學上，基本味道是由5味「鹹味、甜味、酸味、苦味、鮮味」所構成，其中攸關美味的就是鹹味和甜味，人能感到美味的甜味範圍較大；相對地，鹹味能得到滿足的範圍則非常狹窄。**關於鹹味，據說人體血液（體液）的鹽分濃度接近0.9%，鹽分濃度0.8～1.2%會讓人感到美味。**在本書當中，則將這句話淺顯易懂地簡化為「人能感到美味的鹽分濃度為1%」。

1%鹽分濃度實際上是多少分量？
下面以常用調味料來進行比較

相對於食材100g

鹽1g

市面上有可測量1g的量匙，若有的話會很方便。也可使用左頁介紹的以手指抓鹽的方法來測量。不過正確的重量還是要用電子料理秤計量。

相對於食材100g

醬油 1小匙 （6g）

濃口醬油1小匙的鹽分為0.86g，鹽分濃度約0.9%。若是淡口醬油，1小匙鹽分約0.96g，鹽分濃度約1%。

相對於食材100g

雞湯粉 法式高湯粉 4/5小匙 （2.4g）

雞湯粉1小匙的鹽分為1.2g，⅘小匙鹽分濃度為1g，鹽分濃度為1%。法式高湯粉也幾乎相同。

*使用法式高湯塊的話，1塊的鹽分濃度為2.5g太高，食材100g使用⅖塊。

相對於食材100g

味噌 不到1/2大匙 （8g）

*一般的米麴味噌

米味噌½大匙（9g）的鹽分為1.1g，稍微減量使鹽分濃度為1%。

調味料鹽分一覽表 ⇨ P109

*本書中，和風高湯粉是以不含鹽的產品為基準。

掌握這點就能成為微波爐高手 ❷

微波爐調理 —— 【加熱時間的公式】

只要掌握微波爐調理最大的難關——加熱時間的公式，就算不看食譜也能知道設定微波爐加熱時間的基準。重點在於將材料正確秤重。就是這麼簡單！

【公式】

相對於材料總重量 100g

⬇

以微波爐600W加熱
1分30秒~2分30秒

叮！

微波爐的加熱時間幾乎與總重量成正比。

總重量是指放入耐熱容器內所有材料的重量。具體來說，有魚、肉、蔬菜等食材＋調味用的調味料和水等。

若總重量增加為2倍，加熱時間也會增加為2倍。本書食譜分量設定為2~3人份，食材為200~300g。

為什麼微波爐加熱時間會與材料重量成正比呢？
微波爐會對材料的水分產生反應進行加熱

微波爐是種**用微波（電波的一種）照射食品，使之吸收並產生熱**的調理器具。微波具有能穿透空氣、玻璃、陶器、塑膠等材質，遇到金屬會反射，遇水會被吸收的性質。其中，**微波能被水充分吸收，並振動食品所含的水分，藉由摩擦生熱來產生熱能**。因此，材料的重量一增加（＝振動的水分增加），加熱時間也會隨之增加。

材料每100g加熱時間的不同之處在於？

（總重量）

使100g水沸騰，以600W加熱1分30秒為基準

微波是藉由振動食品中的水分來進行加熱，因此以水沸騰所需時間為依據，不過食品的含水量不同，也會隨形狀不同使微波有所偏重。再加上考慮到將料理煮得美味的程度，因此本書的公式將加熱時間預留幅度。這是以水溫10～20℃的水所得的實測值。

加熱時間每100g	1分30秒	2分	2分30秒
加熱印象	例：大白菜 保留咬勁	例：大白菜 一般加熱程度	例：大白菜 煮透軟嫩
適用蔬菜	〔豆芽菜〕 水分多的蔬菜 〔菠菜〕 葉片薄的綠葉蔬菜	〔茄子、紅椒〕 綠葉蔬菜以外的所有蔬菜	〔南瓜、番薯〕 澱粉質多、芋類、較硬的蔬菜
適用料理範例	〔麻婆豆腐〕 水分多的食材和料理。 〔牛肉蓋飯〕 加熱肉片。能煮得相當柔軟。	〔燉羊棲菜〕 燉蕪菁、蘿蔔乾等各種燉菜。 〔雞肉沙拉〕 可加熱厚度到3～4cm的肉。	〔馬鈴薯燉肉〕 筑前煮或燉南瓜等。 〔叉燒肉〕 可加熱厚度5cm以上的肉。加熱途中需多次翻面。

【本書微波爐調理的流程】

概略說明調理方法。同時也說明使用工具、蓋上保鮮膜的方法等。

微波爐可使用的耐熱容器

耐熱碗
使用口徑18cm、高7cm，可用於微波爐調理的陶瓷耐熱碗。容量為1200ml。200～300g材料（2～3人份）最適合用這個大小。也可以使用玻璃材質。

耐熱皿
直徑約25cm的耐熱皿。使用陶瓷或玻璃材質都行。漢堡排及薑燒豬肉等需要攤開放的料理會使用盤子。

① 切食材

材料表上標示的（g）是去皮等之後可食用部分的重量。每道食譜都會指定切法。另外切法可參考P102～105。

② 放入秤好的食材和調味用的調味料

微波爐的加熱時間會隨著材料重量而改變，所以材料要用電子料理秤秤好重量後再放入。

先放入食材，再放入調味用的調味料。

③ 蓋上保鮮膜

邊端預留約5mm的縫隙（作為氣孔，防止保鮮膜膨脹），再將保鮮膜蓋在容器上。

若食材會冒出浮沫的話，可使用浸濕的不織布廚房紙巾鋪在材料表面上。用手輕輕壓住邊端，以免紙巾浮起來。

蓋上廚房紙巾後，同樣也是在邊端預留縫隙，再蓋上保鮮膜。

4 微波爐加熱

🔲 本書使用的微波爐輸出功率
是600W
（500W請參見P111）。
設定好各食譜指定的加熱時
間後，就可以開始加熱。

5 拿出容器

由於容器溫度很高，
要注意避免燙傷。使
用隔熱手套等小心拿
出容器。

拆下保鮮膜後的狀態。

由於不織布廚房紙巾會吸
附大量湯汁，不要直接拿
開，而是裝在小容器裡用
湯匙等擠出湯汁，倒回料
理中。

6 根據各食譜
進行收尾

薑燒豬肉
將整盤肉片攪開，使豬肉沾附
醬汁。

馬鈴薯燉肉
由底部往上翻攪拌勻後，再放
進微波爐以200W加熱5分
（小火加熱）。

燉羊棲菜
待涼之後，將料理裝進塑膠袋放
涼，使食材更入味。

甜鹹豬排骨
僅取出食材，醬汁再度用微波
爐加熱至收汁。

小芋頭燉雞肉燥
加入太白粉水後攪拌，再放進
微波爐加熱勾芡。

若是食材的量（重量）與本食譜不同

每根胡蘿蔔、每包豬肉的重量都不同。下面介紹的方法適合想將食材用完、想製作一人份之類變更食材量的情況。需計量2次，只要記住這個方法，就能自行調配調味和加熱時間，成為微波爐調理的高手！

計量1　秤食材的重量

將耐熱容器放在電子料理秤上，使用扣重功能使重量歸零。

放入食材秤重。

食材重量顯示後再決定調味的分量。

秤好食材重量後再來決定調味（調味料和水）的分量。請參照P110的調味法則。

計量2　秤總重量

注意

決定好調味的分量後，將食材放入耐熱容器，並加入調味料和水等。

若將耐熱碗移開電子料理秤的話，扣重功能就會重置，可能會搞不清楚重量，這點要注意。

總重量顯示後再決定加熱時間。

加熱時間是依照各食譜的「系統」來計算。

例如：總重量265g，
每100g用微波爐加熱2分
計算方法　265 ÷ 100 × 2（分）＝5.3分
⇒5分＋60秒 × 0.3＝5分18秒≒5分10秒

※為防止過熱，以10秒為單位捨棄尾數。

跟著本書做料理時【一定要知道的大前提】

- 1小匙為5ml，1大匙為15ml。
- 微波爐的加熱時間是以使用輸出功率600W為基準。輸出功率為500W、700W時，請參見P111的換算表。
  加熱時間會隨微波爐的機種及使用年數等多少有差異，加熱時請觀察實際情況。
- 清洗蔬菜、削皮等步驟基本上都會省略。
- 蔬菜重量有個體差異，食譜標示的個數僅為基準。
- 重量是指分量（公克），容量是指容積（毫升）。調味料的比重會隨食材不同而異。容積並不等於分量。
- 奶油使用有鹽奶油，和風高湯粉使用不添加鹽的產品。
- 食譜的預設食材重量為200～300g。極端增減食材重量會無法做出與食譜相同的成品。

①

省時又簡單，
比鍋具烹調還美味

用微波爐邏輯
調理公式製作
日常配菜

囊括牛肉蓋飯、燉羊棲菜等日式燉菜，炒麵、炒飯等平底鍋菜單，到焗烤等西式料理等，發掘微波爐潛力的食譜陣容。正因為是微波爐，才能毫不妥協地實現小火慢煮、收汁等大家認為只有鍋具才能完成的調理工序。目標是做出味道跟用鍋具煮出來的一模一樣，甚至更美味的成品。

牛肉蓋飯

將材料全部放入微波爐加熱即可。用微波爐調理時，
肉片容易變成一團，因此訣竅在於將肉片攤開，穿插
放在蔬菜之間。

將飯盛到碗中，擺上
配料，最後放上紅薑
做點綴。

擺盤 memo

材料	2人份		

食材	
薄切牛肉片（肩胛肉）	200g
洋蔥	100g（½顆）

調味	
醬油	1大匙（18g）
糖	1大匙（9g）
和風高湯粉	½小匙（1.5g）
水	3大匙（45g）
薑汁	1小匙多（6g）

＊若食材重量與食譜中的不同，要先秤食材重量，再決定調味料的分量→P10
＊和風燉菜醬油口味（→P110）／每100g食材

① 切食材

 **牛肉** 切成寬5cm大。

 洋蔥 沿著纖維切絲。

② 將所有材料放到耐熱碗內

將洋蔥與肉拌在一起。

 倒入醬油、糖、高湯粉、水和薑汁，抓醃肉片。

 將肉攤平，避免肉黏在一塊。

蓋上一張不織布廚房紙巾，邊端預留縫隙，蓋上保鮮膜。

③ 微波爐加熱

🔲 **600W** ⏱ **5分40秒**

系統：以每100g總重量（食材+調味料）
加熱1分30秒來計算（P106）。

④ 拿出後拌勻

 拿出後的狀態。

掀開廚房紙巾，擠出廚房紙巾吸收的醬汁，倒回碗中。

由底部往上拌，將整體拌勻。

簡單加熱

薑燒豬肉

肉用微波爐加熱容易變硬，不過加入調味材料一起抓醃就會變軟嫩。加熱後稍微放置一下，使整體入味。

裝盤後，擺上切絲的高麗菜和切成月牙形的番茄。

擺盤 memo

材料 2人份

食材	
薄切豬肉片（肩胛肉）	200 g
洋蔥	100 g（½顆）

調味	
醬油	1大匙（18g）
糖	1大匙（9g）
太白粉	1小匙（3g）
薑汁	2小匙（10g）

＊若食材重量與食譜中的不同，要先秤食材重量，再決定調味料的分量➡P10
＊和風照燒口味（➡P110）＋太白粉⅓小匙／每100g食材

1 切食材

洋蔥
沿著纖維切絲。

2 將所有材料放到耐熱皿上

分別放入洋蔥和肉。

倒入醬油、糖、太白粉和薑汁後，充分抓醃肉片。

將洋蔥與肉拌在一起，並將肉攤平鋪滿整個耐熱皿。

↓

邊端預留縫隙，蓋上保鮮膜。

3 微波爐加熱

🔲 **600W** ⏱ **5 分**

系統：以每100g總重量（食材＋調味料）
加熱1分30秒來計算（P106）。

4 拿出後拌勻

拿出後的狀態。

將整體拌勻，均勻裹上醬汁。

茄汁豬肉

僅將薑燒豬肉的調味料替換成番茄醬和伍斯特醬，變成
日式洋食口味。即使放涼肉質還是很柔軟，適合配飯或
麵包，很推薦當作便當菜。

裝盤後，擺上綜合生菜
葉和南瓜沙拉（P81）。

擺 盤 memo

材料 2人份	食材		調味	
	薄切豬肉片（肩胛肉）	200g	番茄醬	3大匙 (54g)
	洋蔥	100g (½顆)	伍斯特醬	1大匙 (18g)
			太白粉	1小匙 (3g)

＊若食材重量與食譜中的不同，要先秤食材重量，再決定調味料的分量➡P10
＊洋風番茄醬味（➡P110）＋太白粉⅓小匙／每100g食材

1 切食材

洋蔥
沿著纖維切絲。

2 將所有材料放到耐熱皿上

分別擺上洋蔥和肉。接著放入番茄醬、醬汁和太白粉。

充分抓醃肉片。

將洋蔥與肉拌在一起，並將肉攤平，鋪滿整個耐熱皿。

↓

邊端預留縫隙，蓋上保鮮膜。

3 微波爐加熱

🍲 600W ⏱ 5 分 30 秒

系統： 以每100g總重量（食材＋調味料）
加熱1分30秒來計算（P106）。

4 拿出後拌匀

拿出後的狀態。

將整體拌匀，均匀裹上醬汁。

雞肉沙拉

縮短加熱時間、避免加熱不均的訣竅在於，一開始就
要用菜刀將雞胸肉切薄，使肉的厚度均一。

擺盤 memo

將雞胸肉分切後裝盤，
擺上喜歡的搭配蔬菜
（萵苣、迷你番茄、巴
西里葉等）。

食材		調味	
雞胸肉	一片（300g）	鹽	½小匙多（3g）
		酒	1大匙（15g）

（材料）2人份

＊若食材重量與食譜中的不同，要先秤食材重量，再決定調味料的分量➡P10
＊洋風鹽味（➡P110）＋酒1小匙／每100g食材

1 雞肉的事前準備

用菜刀從最厚的地方中間劃一刀剖開。

2 將所有材料放到耐熱碗內

邊端預留縫隙，蓋上保鮮膜。

↓

將雞肉攤平放入碗內，加入鹽和酒抓醃。

3 微波爐加熱

🍲 600W ⏲ 6分20秒

系統：以每100g總重量（食材＋調味料）加熱2分來計算（P106）。

4 拿出後雞肉翻面

拿出後的狀態。

將雞肉翻面，接著用保鮮膜蓋住雞肉，放置30分以上，讓調味料充分入味。若能放進冰箱冰一晚會更好。

燉南瓜

用鍋子燉煮南瓜容易煮爛，使用微波爐調理就不必擔心。
能夠輕鬆煮出既入味又鬆軟的南瓜。

材料 2人份	食材		調味	
	南瓜（去除種籽和棉狀纖維）	200g（⅛顆）	醬油	2小匙（12g）
			糖	2小匙（6g）
			水	2大匙（30g）

＊若食材重量與食譜中的不同，要先秤食材重量，再決定調味料的分量➡P10
＊和風照燒口味（➡P110）＋水1大匙／每100g食材

1 切食材

南瓜
去除種籽和棉狀纖維後，
切成3～4cm方塊。

2 將所有材料放到耐熱碗內

皮朝下放入南瓜，擺放時避
免重疊。調味材料混勻後再
倒入。

＊使用平板式微波爐的話，就將
大塊南瓜放在中央；使用轉盤式
的話則放在外側。

邊端預留縫隙，蓋上保鮮膜。

3 微波爐加熱

🍲 600W ⏱ 6分10秒

系統：以每100g總重量（食材＋調味料）
加熱2分30秒來計算（P106）。

拿出後的狀態。

4 拿出後將南瓜翻面，放置2分以上

將南瓜翻面，使果肉沾上醬
汁，放置2分以上，讓調味
料更入味。

日式炒蓮藕

將蓮藕在還保有清脆口感時拿出來，僅將醬汁煮至收汁。
這樣就能端出如同用鍋子燉煮般均勻裹上醬汁的成品。

擺盤 memo

灑上白芝麻。

材料	方便製作的分量 2～3人份	食材		調味	
		蓮藕（去皮）	200g（1節多）	醬油	2小匙（12g）
				糖	2小匙（6g）
				芝麻油	少許（大約⅓小匙）
				紅辣椒（切成輪狀）	少許

＊若食材重量與食譜中的不同，要先秤食材重量，再決定調味料的分量→P10
＊和風照燒口味（→P110）／每100g食材

① 切食材

蓮藕
切成3～4mm厚的半月形。泡水約1分，然後瀝乾水分。

② 將所有材料放到耐熱碗內

將蓮藕攤開放入後，加入醬油、糖、芝麻油和紅辣椒一起混勻。

↓

邊端預留縫隙，蓋上保鮮膜。

③ 微波爐加熱

🔲 **600W** ⏱ **4分20秒**

系統：以每100g總重量（食材＋調味料）加熱2分來計算（P106）。

④ 拿出後攪拌一下，將蓮藕和醬汁分開

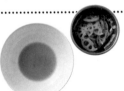

⑤ 醬汁部分以微波爐加熱

🔲 **600W** ⏱ **1分**

（不蓋保鮮膜） 使醬汁的水分蒸發到收汁。

⑥ 將醬汁倒回後攪拌

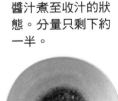

醬汁煮至收汁的狀態。分量只剩下約一半。

將蓮藕倒回碗內，由底往上翻拌均勻。

系統

1 調理

2 備料

3 煮飯／義大利麵

4 調理資料

照燒雞肉

厚度3cm以內的肉加熱時間以1分30秒～2分為基準。
先拿出雞肉,醬汁則繼續煮至收汁再淋在肉上,就能做
出如同用平底鍋燉煮般的光澤。

裝盤後,擺上萵苣和馬
鈴薯沙拉(P78)。

擺盤 memo

材料	2人份	食材		調味	
		雞腿肉	一片（300g）	醬油	1大匙（18g）
				糖	1大匙（9g）

＊若食材重量與食譜中的不同，要先秤食材重量，再決定調味料的分量➡P10
＊和風照燒口味（➡P110）／每100g食材

1 將所有材料放到耐熱碗內，使雞肉厚度達到均一

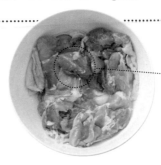
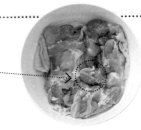

將雞肉皮朝下放入碗內，將凸出的部分（○圓圈處）切下，塞入凹處。

2 加入調味料後抓醃

充分抓醃雞肉約30秒，直到沒有多餘醬汁，接著將雞肉平放（皮朝下）。

邊端預留縫隙，蓋上保鮮膜。

3 微波爐加熱

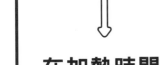 600W ⏱ 6 分30 秒

系統：以每100g總重量（食材＋調味料）加熱2分來計算（P106）。

在加熱時間剩一半時，拿出雞肉翻面

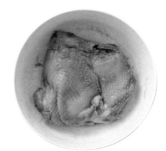

加熱時間剩一半時拿出雞肉。　　將雞肉翻面，使皮朝上。

繼續加熱至剩餘時間結束

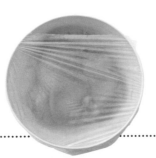

邊端預留縫隙，蓋上保鮮膜。

接下一頁

拿出後的狀態。

**④ 拿出後
將醬汁和
雞肉分開**

將雞肉取出，放在
平底方盤上。

**⑤ 用微波爐加
熱醬汁部分**

🍲 **600W** ⏱ **3分**

(不蓋保鮮膜) 為了讓醬汁的水分蒸發至收汁，
不蓋保鮮膜。

＊若是煮的分量加倍，加熱時間也要加倍。
加熱超過3分以上時，須每隔1分確認收汁狀態。

**⑥ 將雞肉放回
醬汁內，
沾裹醬汁**

用微波爐加熱至收汁狀態的醬
汁。分量約剩一半。

雞肉以皮朝下的方式放入碗
內，使雞肉充分沾裹醬汁。

變化 做法和日式炒蓮藕、照燒雞肉相同

照燒鰤魚

為除腥味而加薑。將材料放進塑膠袋放置一會,就能預先讓調味料入味。由於魚肉不會煮爛,意外適合使用微波爐烹調。

擺盤 memo

將鰤魚裝盤後,淋上煮至收汁的醬汁。如果有的話可在底下鋪上紫蘇葉,再擺上白蘿蔔泥。

材料　方便製作的分量　2人份

食材		調味	
鰤魚片	2塊(1塊100g×2)	醬油	2小匙(12g)
預先調味		糖	2小匙(6g)
醬油	2小匙(12g)	薑汁	2小匙(10g)
糖	2小匙(6g)	水	4大匙(60g)

＊若食材重量與食譜中的不同,要先秤食材重量,再決定調味料的分量➡P10
＊和風照燒口味(➡P110)＋水2大匙／每100g食材

---

① 鰤魚
預先調味

將預先調味的調味料倒入塑膠袋內混勻後,再放入鰤魚,擠出空氣後將袋口綁緊,放進冰箱約10分。這時調味料因沾染腥味,必須丟棄。

② 將鰤魚和調味材料放到耐熱碗內

邊端預留縫隙,蓋上保鮮膜。

＊若是使用平板式微波爐,要使魚皮朝中央(照片);
若是轉盤式則使魚皮朝外。

---

③ 微波爐加熱

🔲 600W ⏱ 5 分 40 秒

系統:以每100g總重量(食材＋調味料)加熱2分來計算(P106)。

---

④ 拿出後,將魚肉和醬汁分開

拿出後的狀態。

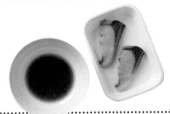

取出鰤魚。

---

⑤ 醬汁部分以微波爐加熱

🔲 600W ⏱ 2 分

不蓋保鮮膜

使醬汁的水分蒸發至收汁。

醬汁煮至收汁的狀態。分量約剩一半。

簡單加熱 ＋ 小火煮至收汁

馬鈴薯燉肉

決定關鍵在於食材加熱後，改用200W（或是解凍功能）
加熱5分。即使用微波爐煮也能做出充分入味，宛如用鍋
子慢火燉煮的滋味。

材料	方便製作的 分量 2人份

食材	
豬肉片（五花肉）	50g
馬鈴薯（去皮）	150g（大型1顆）
洋蔥	70g（將近½顆）
紅蘿蔔（去皮）	30g（¼根）

調味	
醬油	1大匙（18g）
糖	1大匙（9g）
和風高湯粉	½小匙（1.5g）
水	3大匙（45g）

＊若食材重量與食譜中的不同，要先秤食材重量，再決定調味料的分量➡P10
＊和風燉菜醬油口味（➡P110）／每100g食材

① 切食材

豬肉
切成5cm寬。

馬鈴薯
以滾刀切成4～
5cm塊狀。

洋蔥
沿著纖維切絲。

紅蘿蔔
以滾刀切成3～
4cm塊狀。

**② 將所有材料
放到耐熱碗內**

將材料粗略混勻。將肉片放
在蔬菜之間，以免肉片黏在
一塊。

↓

蓋上一張不織布廚房紙巾，邊端預留縫隙後
蓋上保鮮膜。

③ 微波爐加熱

🔲 **600W** ⏱ **9分20秒**

系統：以每100g總重量（食材＋調味料）
加熱2分30秒來計算（P106）。

接下一頁

拿出後的狀態。

④ 拿出後攪拌

掀開廚房紙巾，擠出廚房紙巾吸收的醬汁，倒回碗中。

由底部往上翻拌。注意別攪爛馬鈴薯。

**⑤ 用微波爐
小火加熱**

 200W ⏱ **5分**

(不蓋保鮮膜) 為了使醬汁收汁，讓食材更入味，不論總重量如何，都加熱5分。

＊總重量低於200g時，可先加熱3分觀察情況。

**⑥ 拿出後
攪拌**

拿出後的狀態。

＊若醬汁還是很多，可於攪拌後再用200W加熱2～3分。

變化 做法與馬鈴薯燉肉相同

白蘿蔔燉雞肉

將白蘿蔔切成略大的一口大小的燉菜。
藉由小火加熱，使白蘿蔔由裡到外充分
入味。

材料 方便製作的
分量
2～3人份

食材

白蘿蔔（去皮）	150g（將近⅙根）
雞腿肉	150g

*若食材重量與食譜中的不同，要先秤食材重量，再決定
調味料的分量➡P10
*和風燉菜醬油口味（➡P110）／每100g食材

調味

醬油	1大匙 (18g)
糖	1大匙 (9g)
和風高湯粉	½小匙 (1.5g)
水	3大匙 (45g)
薑汁（可省略）	1小匙多 (6g)

1 切食材

白蘿蔔
以滾刀切成
4～5cm塊狀。

雞肉
切成約3cm大
的方塊。

2 將所有材料放到耐熱碗內

粗略混勻。將雞肉放在白蘿蔔之間，以免雞肉
黏在一塊。

蓋上浸濕的不織布廚房紙巾，
邊端預留縫隙後蓋上保鮮膜。

3 微波爐加熱

📺 **600W** ⏱ **9分20秒**

系統：以每100g總重量（食材＋調味料）加熱2分30秒來計算（P106）。

4 拿出後攪拌

 →

拿出後的狀態。

擠出廚房紙巾吸收的醬
汁，倒回碗中後，由底
部往上翻拌。

5 以微波爐小火加熱

📺 **200W** ⏱ **5分**

不蓋保鮮膜

為了使醬汁收汁，讓食材更入味，不論總重量如
何，都加熱5分。

*總重量低於200g時，可先加熱3分觀察情況。

6 拿出後攪拌

拿出後的狀態

*若白蘿蔔似乎沒煮到入味的話，可在攪拌後
以200W繼續加熱4～5分。

燉羊棲菜

介紹使用微波爐進行乾貨備料的方法。事先將乾貨泡水
軟化得費時約20分，使用微波爐則超省時，只需約3
分即可泡軟。

材料	方便製作的分量 3～4人份	食材		調味	
		羊棲菜（羊棲菜芽，乾燥）	15g	醬油	2小匙（12g）
		胡蘿蔔（去皮）	50g（⅓根）	糖	2小匙（6g）
		炸豆皮	2片（30g）	和風高湯粉	⅓小匙（1g）
		芝麻油	1小匙（4g）	水	2大匙（30g）

* 若食材重量與食譜中的不同，要先秤食材重量，再決定調味料的分量➡P10
（羊棲菜以經微波爐加熱備料完成的重量來計算）
* 和風燉菜醬油口味（➡P110）／每100g食材

① 羊棲菜泡水

將羊棲菜放入耐熱碗，倒入大量的水（額外分量）。水量以羊棲菜重量的20倍為基準。

② 用微波爐進行備料加熱

600W ⏱ 3分

不蓋保鮮膜　*以每100g水量加熱1分來計算。 拿出後，瀝乾羊棲菜的水分。（重量增加為8～10倍）

③ 切食材

 **胡蘿蔔** 切成火柴棒般的細絲。

 炸豆皮 縱向切半後，切成3cm寬大小。

④ 材料全部放入耐熱碗內

將羊棲菜、胡蘿蔔和炸豆皮攪拌之後放入耐熱碗內，再加入油及調味材料。

↓

邊端預留縫隙，蓋上保鮮膜。

⑤ 微波爐加熱

600W ⏱ 5分

系統：以每100g總重量（食材＋調味料）加熱2分來計算（P106）。

⑥ 拿出後 裝入塑膠袋，放置10分

拿出後的狀態。

裝入塑膠袋，擠出空氣後將袋口綁緊，放置約10分。在放涼期間羊棲菜會更入味。

系統

1 調理

2 備料

3 煮飯／義大利麵

4 調理資料

變 化　做法相同

燉蘿蔔乾絲

用和燉羊棲菜相同的做法及調味，就能做出燉蘿蔔乾絲。蘿蔔乾絲只需用少量水就能泡軟。

材料	方便製作的分量 2～3人份	食材		調味	
		蘿蔔乾絲（乾燥）	30g	醬油	2小匙 (12g)
		胡蘿蔔（去皮）	50g (⅓根)	糖	2小匙 (6g)
		炸豆皮	2片 (30g)	和風高湯粉	⅓小匙 (1g)
				水	2大匙 (30g)

＊若食材重量與食譜中的不同，要先秤食材重量，再決定調味料的分量➡P10
（蘿蔔乾絲以經微波爐加熱備料完成的重量來計算）
＊和風燉菜醬油口味（➡P110）／每100g食材

---

① 蘿蔔乾絲泡水

將蘿蔔乾絲放入耐熱碗，倒入大量的水（額外分量）。水量以蘿蔔乾絲重量的6～7倍為基準。

---

② 用微波爐進行備料加熱

🔲 600W ⏱ 2分

不蓋保鮮膜 ＊以每100g水量加熱1分來計算。

拿出後稍微瀝乾水分。（重量增加約4倍）

---

③ 切食材

 **胡蘿蔔** 切成火柴棒般的細絲。

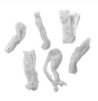 **炸豆皮** 縱向切半後，切成3cm寬大小。

---

④ 材料全部放入耐熱碗內

將蘿蔔乾絲、胡蘿蔔和炸豆皮混合之後放入耐熱碗內，再加入調味材料。

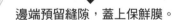
↓
邊端預留縫隙，蓋上保鮮膜。

---

⑤ 微波爐加熱

🔲 600W ⏱ 5分

系統：以每100g總重量（食材＋調味料）加熱2分來計算（P106）。

---

⑥ 拿出後裝入塑膠袋，放置10分

拿出後的狀態。

裝入塑膠袋，擠出空氣後將袋口綁緊，放置約10分。在放涼期間蘿蔔乾絲會更入味。

系統

1 調理

2 備料

3 煮飯／義大利麵

4 調理資料

筑前煮

使用微波爐進行預煮。去除澀味後，不易入味的素材也
會變得格外美味。另外，收尾時以200Ｗ加熱5分，就
能用微波爐重現用鍋子小火慢煮的程序。

（材料） 方便製作的分量 3～4人份

食材	
雞腿肉	100g
小芋頭（去皮）	80g（2顆）
竹筍（水煮）	50g
牛蒡	40g（將近⅓根）
蓮藕（去皮）	40g（⅛節多）
香菇（去柄）	2朵（30g）
胡蘿蔔（去皮）	20g（⅛根）
蒟蒻	40g

調味	
醬油	1又⅓大匙（24g）
糖	1又⅓大匙（12g）
和風高湯粉	⅖小匙（2g）
水	4大匙（60g）

＊若食材重量與食譜中的不同，要先秤食材重量，再決定調味料的分量➡P10
＊和風燉菜醬油口味（→P110）／每100g食材

① 切食材

雞肉
切成4～5cm方塊（由於肉會縮，稍微切大塊點）。

小芋頭
以滾刀切成3～4cm塊狀。

竹筍
根部切成1cm寬的半月形，穗尖則縱切成8等分。

牛蒡
以滾刀切成3～4cm塊狀。

蓮藕
以滾刀切成3～4cm塊狀，泡水約3分後瀝乾水分。

香菇
對半斜切。

胡蘿蔔
以滾刀切成3～4cm塊狀。

蒟蒻
用手撕成3cm大的方塊。

② 將竹筍、牛蒡、蒟蒻放到耐熱碗內

在耐熱碗內放入竹筍、牛蒡和蒟蒻，加入蓋過材料的水（額外分量）。水量太多的話煮沸很花時間，因此水量只要蓋過材料即可。

⬇

用微波爐預煮加熱

600W ⏱ 4分30秒

（不蓋保鮮膜） 系統：以每100g總重量（竹筍、牛蒡、蒟蒻＋水）加熱1分30秒來計算。

⬇

加熱後，瀝乾水分

系統

1 調理

2 備料

3 煮飯／義大利麵

4 調理資料

接下一頁 ⬇

3 材料全部放到耐熱碗內

食材混合後倒入耐熱碗內,再加入調味材料。

↓

蓋上浸濕的不織布廚房紙巾,邊端預留縫隙,蓋上保鮮膜。

4 微波爐加熱

🍲 600W ⏱ 12 分 20 秒

系統: 以每100g總重量(食材+調味料)加熱2分30秒來計算(P106)。

5 拿出後攪拌

拿出後的狀態。

掀開廚房紙巾,擠出廚房紙巾吸收的醬汁,倒回碗中。

由底部往上翻拌。

6 用微波爐小火加熱

🍲 200W ⏱ 5分

不蓋保鮮膜

為了使醬汁收汁,讓食材更入味,不論總重量如何,都加熱5分。

＊總重量低於200g時,可先加熱3分觀察情況。

7 拿出後攪拌

拿出後的狀態。

＊若醬汁還是很多,可於攪拌後視情況用200W加熱5分。

(變化) 利用微波爐預煮竹筍

竹筍土佐煮

水煮竹筍帶有澀味，用微波爐預煮後就
會變得容易入味。

材料

方便製作的
分量
2～3人份

食材	
竹筍（水煮）	200g

*若食材重量與食譜中的不同，要先秤食材重量，再決定調
味料的分量➡P10
*和風燉菜醬油口味（➡P110）／每100g食材

調味	
醬油	2小匙（12g）
糖	2小匙（6g）
和風高湯粉	⅓小匙（1g）
水	2大匙（30g）
柴魚片	1小袋（2g）

---

1 切食材

 竹筍　以滾刀切成4～5cm塊狀。

---

2 放到耐熱碗內

加水淹過竹筍（額外分量）。

---

3 用微波爐
預煮加熱

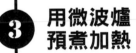 600W 5分

(不蓋保鮮膜)　系統：以每100g總重量（竹筍＋水）
加熱1分30秒來計算。

拿出後的狀態。倒在篩
網上瀝乾水分。

---

4 將柴魚片以外
的材料放入
耐熱碗內

將步驟3的竹筍並列在耐熱碗內，
加入柴魚片以外的調味材料。邊端
預留縫隙後蓋上保鮮膜。

---

5 以微波爐加熱

 600W ⏲ 3分40秒

系統：以每100g總重量（食材＋調味料）加熱1分30秒來計算（P106）。

---

6 拿出後
攪拌

 →

拿出後的狀態。

由底部往上翻拌，
接著加入柴魚片，
將整體拌勻。

蕪菁燉雞肉燥

先在絞肉中加入水和調味料攪拌後再加熱,加熱後的絞肉就不會黏成一團。由於加熱時會出現浮沫,因此蓋上保鮮膜前,必須先在表面蓋上一層不織布廚房紙巾。

材料	方便製作的分量 2～3人份

食材

蕪菁（去皮）	240g（1顆）
雞絞肉	60g

調味

醬油	1大匙（18g）
糖	1大匙（0g）
和風高湯粉	½小匙（1.5g）
水	6大匙（90g）
薑汁（可省略）	1小匙多（6g）

勾芡

太白粉	1小匙（3g）
水	1大匙（15g）

＊若食材重量與食譜中的不同，要先秤食材重量，再決定調味料的分量➡P10
＊和風燉菜醬油口味（➡P110）／每100g食材
＊勾芡為太白粉1g（⅓小匙）＋水5g（1小匙）／每100g食材

① 切食材／製作太白粉水

蕪菁
切成6等分的半月形。

將太白粉與水拌勻。

② 絞肉加入調味料後搓揉均勻

將雞絞肉和調味材料裝入塑膠袋。將袋口綁緊，整袋搓揉。

③ 將所有材料放到耐熱碗內

先放入蕪菁，再放入步驟❷的雞絞肉。

↓

先放入蕪菁，再放入步驟2的雞絞肉。

④ 以微波爐加熱

接下一頁

🍲 600W ⏱ 8分 30秒

系統：以每100g總重量（食材＋調味料）加熱2分來計算（P106）。

拿出後的狀態。

5 拿出後 攪散雞絞肉

掀開廚房紙巾，擠出廚房紙巾吸收的醬汁，倒回碗中。

將絞肉結塊的部分撥到碗邊，用湯匙攪散。

6 加入太白粉水

將蕪菁撥到一旁，在醬汁中慢慢加入太白粉水拌勻。

7 用微波爐 進行勾芡加熱

🍲 600W ⏱ 1分

不蓋保鮮膜　為加熱太白粉水使芡汁穩定，不論總重量如何，都加熱1分。

8 拿出後攪拌

拿出後的狀態。

一邊確認是否成功勾芡，一邊從底部往上翻拌。若沒有勾芡的話，則繼續加熱1分。

變化　做法與蕪菁燉雞肉燥相同

小芋頭燉雞肉燥

小芋頭煮得相當鬆軟而且入味。也可以
使用冷凍小芋頭。

材料

方便製作的分量
2～3人份

食材

小芋頭（去皮）	
	250g（將近6顆）
雞絞肉	50g

*若食材重量與食譜中的不同，要先秤食材重量，再決定調味料的分量➡P10
*和風燉菜醬油口味（➡P110）／每100g食材

調味

醬油	1大匙（18g）
糖	1大匙（9g）
和風高湯粉	½小匙（1.5g）
水	6大匙（90g）
薑汁（可省略）	
	1小匙多（6g）

勾芡

太白粉	1小匙（3g）
水	1大匙（15g）

*勾芡為太白粉1g（⅓小匙）＋水5g（1小匙）／每100g食材

---

1 切食材／製作太白粉水

小芋頭
以滾刀切成3～4cm塊狀。
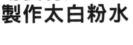

將太白粉與水拌勻。

2 絞肉加入調味料後搓揉均勻

將雞絞肉和調味材料裝入塑膠袋。將袋口綁緊，整袋搓揉。

3 將所有材料放到耐熱碗內

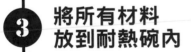

先放入小芋頭，再放入步驟❷的雞絞肉。

➡

蓋上浸濕的不織布廚房紙巾，邊端預留縫隙，蓋上保鮮膜。

---

4 微波爐加熱

🍲 **600W** ⏱ **10分30秒**

系統：以每100g總重量（食材＋調味料）加熱2分30秒來計算（P106）。

---

5 拿出後攪散雞絞肉，加入太白粉水

擠出廚房紙巾吸收的醬汁，倒回碗中。

將小芋頭撥到一旁，在醬汁中慢慢加入太白粉水拌勻。

---

6 用微波爐進行勾芡加熱

🍲 **600W** ⏱ **1分** （不蓋保鮮膜）

---

7 拿出後攪拌

從底部往上翻拌。

麻婆豆腐

下面將介紹使用絞肉時，用太白粉勾芡的微波爐加熱方法。豆腐不需瀝乾水分，切塊後直接使用。

視個人喜好灑上花椒。

擺盤 memo

材料

方便製作的分量
2人份

食材	
板豆腐	200g（1小塊）
豬絞肉	90g
蔥	10g（5cm）

調味	
蠔油	½大匙（9g）
甜麵醬	1小匙（7g）
豆瓣醬	1小匙（7g）
和風高湯粉	¾小匙（2g）
水	6大匙（90g）
薑汁	將近⅔大匙（9g）
大蒜（管裝）	將近1小匙（3g）

勾芡	
太白粉	1小匙（3g）
水	1大匙（15g）

*勾芡為太白粉1g（⅓小匙）＋水5g（1小匙）／每100g食材

*若食材重量與食譜中的不同，要先秤食材重量，再決定調味料的分量 ➡ P10

*麻婆類（➡ P110．可用烤肉醬代替）／每100g食材

---

❶ 切食材／製作太白粉水

豆腐
切成3～4cm方塊。

蔥
切碎。

將太白粉與水拌勻。

---

❷ 絞肉加入調味料後搓揉均勻

將豬絞肉和調味材料裝入塑膠袋。將袋口綁緊，整袋搓揉。

搓揉到沒有結塊、顏色均一即可。

---

❸ 將所有材料放到耐熱碗內

先放入豆腐和蔥，再放入步驟❷的豬絞肉。

↓
邊端預留縫隙後，蓋上保鮮膜。

---

❹ 微波爐加熱

🍲 600W ⏱ 6分20秒

系統：以每100g總重量（食材＋調味料）加熱1分30秒來計算（P106）。

接下一頁

5 拿出後
攪散絞肉

拿出後的狀態。

將絞肉結塊的部分撥到碗邊,用湯匙攪散。

6 加入太白粉水

將豆腐撥到一旁,在醬汁中慢慢加入太白粉水拌勻。

7 用微波爐
進行勾芡加熱

🍲 600W ⏱ 1分

（不蓋保鮮膜）

為加熱太白粉水使芡汁穩定,不論總重量如何,都加熱1分。

8 拿出後攪拌

拿出後的狀態。從底部往上翻拌。

變化　將豆腐換成茄子

麻婆茄子

將麻婆豆腐的豆腐換成茄子。茄子在加熱後容易煮爛，切大塊些會比較美觀。也可在上面擺上白色蔥絲裝飾。

材料

食材		調味		勾芡	
方便製作的分量 2人份					
茄子	200g（2條多）	蠔油	½ 大匙（9g）	太白粉	1 小匙（3g）
豬絞肉	90g	甜麵醬	1 小匙（7g）	水	1 大匙（15g）
蔥	10g（5cm）	豆瓣醬	1 小匙（7g）		
		雞湯粉	¾小匙（2g）		
		水	6 大匙（90g）		
		薑汁	將近⅔大匙（9g）		
		大蒜（管裝）	將近1小匙（3g）		

*若食材重量與食譜中的不同，要先秤食材重量，再決定調味料的分量→P10
*麻婆類（→P110・可用烤肉醬代替）／每100g食材

* 勾芡為太白粉1g（⅓小匙）＋水5g（1小匙）／每100g食材

① 切食材／製作太白粉水

茄子
縱切成兩半後，再縱切成 3～4 等分。泡水約3分後瀝乾水分。

蔥
切碎。

將太白粉與水拌勻。

② 絞肉加入調味料後搓揉均勻

將豬絞肉和調味材料裝入塑膠袋。將袋口綁緊，整袋搓揉。

③ 將所有材料放到耐熱碗內

先放入茄子，再放入步驟❷的雞絞肉。

→

邊端預留縫隙，蓋上保鮮膜。

④ 微波爐加熱

600W ⏱ 8 分 30 秒

系統：以每100g總重量（食材＋調味料）加熱2分來計算（P106）。

⑤ 拿出後攪散雞絞肉，加入太白粉水

拿出後的狀態。

將絞肉結塊的部分撥到碗邊，用湯匙攪散。

將茄子撥到一旁，在醬汁中慢慢加入太白粉水拌勻。

⑥ 用微波爐進行勾芡加熱

600W ⏱ 1分　不蓋保鮮膜

⑦ 拿出後攪拌

拿出後的狀態。從底部往上翻拌。

叉燒肉

下面介紹直徑5cm以上肉塊的加熱方法。為防止加熱不均和煮焦，訣竅在於每隔5分就要翻面。如此就能讓肉質有如用鍋子燉煮般軟嫩。

擺盤 memo

分切後裝盤，擺上喜歡的搭配蔬菜（巴西利葉等）和黃芥末醬。

材料 方便製作的分量

食材		調味	
豬肉塊（肩胛肉）	1條（450g）	醬油	1又½大匙（27g）
		糖	1又½大匙（14g）
		薑汁	2小匙（10g）

＊買綁線的豬肉更佳。

＊若食材重量與食譜中的不同，要先秤食材重量，再決定調味料的分量➡P10
＊和風照燒口味（➡P110）／每100g食材

1 將所有材料放到耐熱皿上

將豬肉和調味材料全部放入碗內，搓揉約1分使豬肉沾滿醬汁。

↓

邊端預留縫隙，蓋上保鮮膜。

2 微波爐加熱
↓
5分後拿出豬肉翻面
↓
再5分後拿出豬肉翻面，剩餘時間繼續加熱

🍲 600W ⏱ 12分30秒

系統：以每100g總重量（食材＋調味料）加熱2分30秒來計算（P106）。

拿出後的狀態。

翻面後，邊端預留縫隙，再蓋上保鮮膜。

3 拿出後，裝進塑膠袋放涼

拿出後的狀態。

放涼至可用手觸摸後，用不織布廚房紙巾包住豬肉，裝進塑膠袋。

倒入醬汁，擠出空氣並將袋口綁緊，放置到完全冷卻為止。
＊放進冰箱冰一晚會更入味。

照燒豬排骨

帶骨肉和肉塊加熱一樣，必須在加熱途中拿出來翻面，
最後將醬汁部分煮至收汁。醬汁也可改用烤肉醬3大匙
替代。帶骨肉的加熱時間會因骨頭大小而有變動，所以
要用竹籤刺穿來確認是否熟透。

裝盤後，擺上喜歡的搭配
蔬菜（萵苣等）。

擺盤 memo

食材		調味	
排骨肉（豬）	300g	醬油	1大匙（18g）
		糖	1人匙（9g）
		薑汁	1小匙多（6g）

(材料) 2人份

*若食材重量與食譜中的不同，要先秤食材重量，
　再決定調味料的分量➡P10
*和風照燒口味（➡P110）／每100g食材

---

1 將所有材料全部
混合後，放置30分

將排骨肉和調味材料裝進塑膠袋。將袋口綁緊後，連塑膠袋一起搓揉。然後放進冰箱冰30分。

---

2 將所有材料
放到耐熱碗內

↓

邊端預留縫隙，蓋上保鮮膜。

擺放排骨肉時盡量不要重疊。

*若使用平板式微波爐，要將大塊排骨肉放中央；轉盤式則將大塊排骨肉放在外側。

---

3 微波爐加熱

 🔲 600W ⏱ 6分40秒

系統：以每100g總重量（食材＋調味料）加熱2分來計算（P106）。
*用竹籤穿刺，流出的肉汁為不透明時，則以1分為基準再加熱。

⇩

5分後
拿出並翻面

 →

拿出後的狀態。

翻面後，邊端預留縫隙再蓋上保鮮膜，剩餘時間繼續加熱。

---

4 拿出後，
將肉與醬汁分開

---

5 以微波爐加熱
醬汁部分

 🔲 600W ⏱ 30秒～1分

（不蓋保鮮膜）

使醬汁的水分蒸發至收汁。由於容易煮焦，須隨時觀察加熱狀況。

---

6 將排骨肉放回
醬汁中，使肉
沾裹醬汁

 煮至收汁的狀態。約煮至醬汁量剩⅔即可。

中華風炒什錦

使用冰箱裡的蔬菜就能製作。1 人份使用的蔬菜為
120g 以上，能滿足一日所需蔬菜量的⅓。最後再用太白
粉勾芡。

材料

方便製作的分量 2人份

食材		調味	
豬肉片（五花肉）	60g	雞湯粉	2又⅖小匙（7.2g）
大白菜	100g（將近1片）	水	6大匙（90g）
青江菜	50g（½株）	勾芡	
竹筍（水煮）	30g	太白粉	1小匙（3g）
胡蘿蔔（去皮）	30g（¼根）	水	1大匙（15g）
香菇（去柄）	30g（2朵）	芝麻油	1小匙（4g）

＊若食材重量與食譜中的不同，要先秤食材重量，再決定調味料的分量➡P10
＊中華風雞湯口味（➡P110）＋水2大匙／每100g食材
＊勾芡為太白粉1g（⅓小匙）＋水5g（1小匙）／每100g食材

❶ 切食材／製作太白粉水

豬肉
切成4～5cm寬。

大白菜
縱切成2～3等分後，將白色莖部分斜切成3～4cm塊狀。

青江菜
將莖斜切成3～4cm塊狀，葉子則切成3cm寬。

竹筍
先切成3mm厚的薄片，再切成4～5cm長。

胡蘿蔔
先切成3mm厚的薄片，再切成約1×4cm的大小。

香菇
斜切成約3等分。

將太白粉和水混勻。

❷ 將食材和調味料放到耐熱碗內

將肉片一片片剝開，放入蔬菜之間，以免肉片黏在一塊。

加入調味材料後，最後將大白菜等材料擺在最上面。

＊因為微波會聚集在調味料上，可能導致保鮮膜脫落。

邊端預留隙縫，蓋上保鮮膜。

❸ 用微波爐加熱

🍲 600W ⏱ 7分50秒

系統：以每100g總重量（食材＋調味料）加熱2分來計算（P106）。

接下一頁 ⇩

拿出後的狀態。

4 加入太白粉水 和油

將料撥到一旁，在醬汁中慢慢加入太白粉水拌勻。

接著將油倒入醬汁中。

5 用微波爐 進行勾芡加熱

🍲 600W ⏱ 1分

不蓋保鮮膜 為加熱太白粉水使芡汁穩定，不論總重量如何，都加熱1分。

6 拿出後攪拌

拿出後的狀態。從底部往上翻拌。

變化　做法與中華風炒什錦相同

芡炒香菇油豆腐

調味使用市售的烤肉醬就能輕鬆製作。這種情況下，相對於100g食材，調味的水量為1大匙。

材料　方便製作的分量 2～3人份

食材		調味		勾芡	
炸豆皮	中型1塊 (150g)	烤肉醬	3大匙 (54g)	太白粉	1小匙 (3g)
杏鮑菇	120g (3根)	水	3大匙 (45g)	水	1大匙 (15g)
香菇 (去柄)		薑汁		芝麻油	1小匙 (4g)
	30g (2朵)		1小匙多 (6g)		

＊若食材重量與食譜中的不同，要先秤食材重量，再決定調味料的分量➡P10
＊中華風烤肉醬口味（➡P110）＋水1大匙／每100g食材

1 切食材／製作太白粉水

炸豆皮
縱切成兩半後，切成3cm寬。

杏鮑菇
將長度對切後，切成2～3mm厚薄片。

香菇
切成2～3mm厚薄片。

將太白粉和水拌勻。

2 材料全部放入耐熱碗內

先放入食材，再加入調味材料。 →

邊端預留縫隙，蓋上保鮮膜。

3 用微波爐加熱

🍲 600W ⏱8分

系統：以每100g總重量（食材＋調味）加熱2分來計算（P106）。

4 加入太白粉水

拿出後的狀態。

將食材撥到一旁，在醬汁中慢慢加入太白粉水拌勻。

5 用微波爐進行勾芡加熱

🍲 600W ⏱1分

（不蓋保鮮膜）為加熱太白粉水使芡汁穩定，不論總重量如何，都加熱1分。

6 拿出後攪拌

拿出後的狀態。由底部往上翻拌均勻。

炒飯

用微波爐能做出比平底鍋更粒粒分明的炒飯,非常推薦
不擅料理的人試試看。只需將蛋加熱後攪散,與熱騰騰
的白飯和配料混合之後,用微波爐再加熱即可。

擺上切碎的蔥末。

擺盤 memo

材料 方便製作的
分量
1人份

食材	
白飯	200g
蛋	1顆 (55g)
芝麻油	1小匙 (4g)
叉燒肉	2片 (50g)
蟹肉棒	20g
蔥	10g (5cm)

調味	
雞湯粉	1小匙 (3g)

*若食材重量與食譜中的不同，要先秤食材重量，再決定調味料的分量➡P10
*雞湯粉1小匙／每200g白飯

① 切食材

叉燒肉
切成5mm方塊。

蔥
切碎。

蟹肉棒
用手撕成細絲。

② 用微波爐加熱白飯

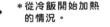 600W ⏲ 2分 *從冷飯開始加熱的情況。

將冷掉的白飯放入耐熱容器內，邊端預留縫隙，蓋上保鮮膜，加熱成熱騰騰的白飯。

*使用冷凍白飯則再加2～3分為基準。也可以使用微波爐的自動加熱白飯功能。

③ 將蛋和油放入耐熱碗內

將蛋攪散後加入油。加油較容易攪散，口感也會較鬆軟。

加熱前的蛋

④ 用微波爐加熱蛋

 600W ⏲ 45秒

（不蓋保鮮膜） *每顆蛋加熱45秒。

接下一頁
⬇

5 將蛋攪碎

蛋經加熱後的狀態。

用橡膠鍋鏟將蛋切得細碎。

攪碎後的蛋。

6 加入白飯混合後，再加入其他食材

拌入熱騰騰的白飯中，使攪碎的蛋均勻分布在白飯中。

將叉燒肉、蟹肉棒和蔥灑在整碗飯上。

7 用微波爐加熱，使水分蒸散

🍲 600W ⏱ 2分

不蓋保鮮膜　加熱是為了重新溫熱食材。水分蒸散後白飯就會粒粒分明，因此不蓋保鮮膜。

＊以每1人份食譜加熱2分來計算。

配菜

馬克杯味噌湯

適合想來杯熱湯時的湯品。一杯就能滿足
一日所需蔬菜攝取量的⅓，請務必在早餐
等時試做看看。使用這個方法就不會煮沸
溢出。

材料 1人份

食材		調味	
高麗菜、南瓜	合計120g	和風高湯粉	將近½小匙（1g）
水	150g	味噌	2小匙（12g）

＊調味是每150g的分量。

① 切食材

高麗菜
切成3cm方塊。

南瓜
切成7～8mm厚，
3cm長的塊狀。

② 將高麗菜、南瓜、高湯粉和水50g放入馬克杯內

加熱後蔬菜的體積會減
少，因此可以將蔬菜塞
滿杯子。

③ 微波爐加熱

🔲 600W ⏱ 4分

不蓋保鮮膜 ＊蔬菜60g的話加熱2分30秒，100g的話則加熱3分30秒。

④ 加入水100g和味噌

倒入剩下的水（100g）。
一開始就加入全部的水會
滿出來。

像味噌等有黏性的調味
料容易滿出來，稍後再
加。

充分攪拌均勻。

⑤ 微波爐加熱

🔲 600W ⏱ 1分

不蓋保鮮膜 之後加入的100g可使用85℃左右的水，不論蔬菜重量
如何，都加熱1分。

醬汁炒麵

將蔬菜加熱至還帶有清脆口感的程度，蒸發出的水分會
被麵條吸收，使麵條變得柔軟。不要過度加熱是重點。

灑上海苔粉。

擺盤 memo

材料 方便製作的分量 1人份

食材	
豬肉片（五花肉）	50g
高麗菜	40g（將近1片）
豆芽菜	40g
胡蘿蔔（去皮）	20g（將近¼根）
青江菜	20g（⅛株）
炒麵用麵條	1袋（150g）

調味	
隨包附的調味粉	1袋

＊做2人份的話需準備大型耐熱碗。

❶ 切食材

豬肉
切成4～5cm寬。

高麗菜
切成3～4cm方塊。

紅蘿蔔
先切成3mm厚的薄片，再切成3mm寬的細絲。

青江菜
莖斜切成3～4cm寬，葉子切成3cm寬。

❷ 將所有材料放到耐熱碗內

先放入蔬菜，再將肉片一片片分開擺上去。

邊端預留縫隙，蓋上保鮮膜。

擺上麵條。

＊麵條會吸收蔬菜和豬肉加熱後釋出的水蒸氣。

❸ 微波爐加熱

🍲 600W ⏱ 2分30秒

系統：以每100g肉＋蔬菜（不含麵條）加熱1分30秒來計算（P106）。

接下一頁

4 充分混合後，
加入隨附的
調味料

拿出後的狀態。

將麵條攪散，從底部往上翻
拌，使配料和麵條均勻混合。

灑上隨附的調味料。

攪拌至調味料遍布整體。

5 加熱麵條

🔥 600W ⏱ 1分30秒

不蓋保鮮膜　以一袋麵條（約150g）加熱1分30秒為基準。可視使用
的麵條加以調整。

6 拿出後
攪拌均勻

配菜

馬克杯中華湯

可使用冰箱剩餘的蔬菜製作。僅湯汁有調味，可自行增減蔬菜的量。滑菇等黏液多的蔬菜會溢出來，需多加注意。

材料 1人份

食材		調味	
大白菜、香菇等	合計60g	雞湯粉	1小匙(3g)
水	150g		

＊相對於150g水的分量。

① 切食材

大白菜
先縱切成兩半，將葉子切成3cm寬，白色莖的部分則斜切成3cm寬塊狀。

香菇
去掉柄切成2cm寬塊狀。

胡蘿蔔
切成3mm厚的薄片。

② 將蔬菜、菇類、雞湯粉和水50g放入馬克杯內

③ 微波爐加熱

 600W ⏱ **2分30秒**

不蓋保鮮膜 ＊蔬菜＋菇類100g的話加熱3分30秒，120g的話則加熱4分。

④ 加入100g水

拿出後的狀態。

加入剩下的水（100g）。

⑤ 微波爐加熱

 600W ⏱ **1分**

不蓋保鮮膜 之後加入的100g可使用85℃左右的水，無論蔬菜重量如何，都加熱1分。

漢堡排

肉餡中的洋蔥也可用微波爐加熱。使用微波爐加熱製作漢堡排時，若是揉捏肉餡就會變太硬，因此請不要揉捏，將材料攪拌至混合均勻即可。

擺盤 memo

裝盤後，淋上醬汁。最後擺上喜歡的搭配蔬菜（綜合生菜、微波爐加熱過的馬鈴薯和紅蘿蔔等）。

材料 方便製作的分量 2人份

食材		調味	
豬牛絞肉	300g	番茄醬	4又½大匙（81g）
洋蔥	90g（½顆，肉的30%）	伍斯特醬	1又½大匙（27g）
麵包粉	15g（肉的5%）		
蛋液	1顆份（50g，肉的15%）		

*若食材重量與食譜中的不同，要先秤食材重量，再決定調味料的分量➡P10
*洋風番茄醬口味（➡P110）／每100g食材

1 洋蔥備料

將洋蔥切碎。

放入耐熱容器內，加1大匙水（額外分量）。

邊端預留縫隙後蓋上保鮮膜。

2 以微波爐加熱洋蔥

🍳 600W ⏱ 2分30秒

*以每100g總重量（洋蔥＋水100g）加熱2分30秒來計算。

拿出後放涼。

3 製作肉餡

將豬牛絞肉、步驟❷的洋蔥、麵包粉和蛋液裝入塑膠袋。加上⅙調味材料量的調味料後，整袋搓揉至材料混合均勻。

4 捏成形後放在耐熱皿上

將肉餡2等分，捏成長約18㎝的橢圓形肉餅。肉餅放在耐熱皿上時，2塊肉餅相接也沒關係（因為加熱後會收縮）。

邊端預留縫隙，蓋上保鮮膜。

接下一頁

5 微波爐加熱

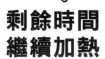 600W ⏱ 8 分 30 秒

系統：以每100g總重量（食材＋調味）
加熱1分30秒來計算（P106）。

6分後拿出，
將漢堡排與醬汁分開，
丟掉醬汁

 →

拿出後的狀態。

取出漢堡排，耐熱皿的
醬汁則倒掉。

將漢堡排
放回耐熱皿，
淋上剩下的
調味材料

將漢堡排翻面放回。將剩
餘調味材料混合後淋上。

剩餘時間
繼續加熱

邊端預留縫隙，蓋上保
鮮膜。

6 拿出後，
將漢堡排
沾裹醬汁

拿出後的狀態。將漢堡
排沾裹醬汁。

（變化）做法與漢堡排相同

雞肉丸子

將絞肉裝進塑膠袋中混合製作肉餡，搓圓後放在盤子上，淋上調味材料後放到微波爐。為防止加熱不均，途中需拿出來翻面。最後將湯汁煮至收汁，做成醬汁。

擺盤 memo

在容器上鋪上紫蘇葉，將雞肉丸子裝盤。然後擺上蛋黃，沾蛋黃食用。

（材料） 方便製作的分量 4人份

食材		調味	
雞絞肉	230g	醬油	1大匙（18g）
蛋白	1顆份（30g）	糖	1大匙（9g）
蔥	20g（10cm）	水	3大匙（45g）
薑汁	1小匙（5g）		
太白粉	1大匙（9g）		

＊若食材重量與食譜中的不同，要先秤食材重量，再決定調味料的分量➡P10
＊和風照燒口味（➡P110）＋水1大匙／每100g食材

1 切食材，製作肉丸子

將蔥切碎。

將食材全裝進塑膠袋內。袋口封住，整袋搓揉。

搓揉至材料均勻混合即可。

2 捏成形後放在耐熱皿上

將肉餡分成8等分，捏成4～5cm的圓形。然後放在耐熱皿上。

將調味材料混合後淋上。邊端預留縫隙，蓋上保鮮膜。

3 用微波爐加熱

🍲 600W ⏱ 7分10秒

系統：以每100g總重量（食材＋調味）加熱2分來計算（P106）。

↓

5分後拿出並翻面

↓

剩餘時間繼續加熱 蓋上保鮮膜加熱。

4 拿出後將肉丸子與醬汁分開

5 醬汁部分以微波爐加熱／使肉丸子沾滿煮至收汁的醬汁

🍲 600W ⏱ 1分

（不蓋保鮮膜） ＊製作的量加倍時，加熱時間也要加倍。

醬汁煮至收汁的狀態。煮至量剩下一半即可。

將肉丸子放回，沾裹醬汁。

焗烤通心粉

全程使用微波爐製作。製作時一碗到底，不用另外
煮通心粉。在加熱白醬的同時就能煮好通心粉。

擺盤 memo

灑上乾燥巴西利葉。

材料 方便製作的分量 2～3人份

食材		調味	
雞腿肉	100g	法式清湯粉	1又⅔小匙（5g）
洋蔥	50g（¼顆多）	胡椒粉	少許（0.1g）
鴻喜菇	50g（½袋）		
通心粉（煮4分）	30g		

白醬		收尾	
奶油	10g	起司粉	½小匙（1g）
低筋麵粉	10g	麵包粉	1大匙（3g）
牛奶	150ml	披薩用乳酪絲	30g
水	2大匙（30g）		

＊若食材重量與食譜中的不同，要先秤食材重量，再決定調味料的分量➡P10
＊洋風法式清湯口味（→P110）＋水2大匙／每100g水分（牛奶＋水）

---

1 切食材

雞肉
切成2cm方塊。

洋蔥
沿著纖維切絲。

鴻喜菇
根部切掉後用手撕開。

---

2 製作起司麵包粉

在耐熱容器內倒入起司粉和麵包粉混勻。

 🍲 **600W** ⏱ **20秒** 不蓋保鮮膜

 起司粉的部分有些焦黃。

 將粉類拌勻，使顏色均一（黃褐色）。

＊若放置不管就會焦掉，必須馬上拌勻。

---

3 在耐熱碗內放入雞肉、洋蔥、鴻喜菇、調味材料和奶油。

 將雞肉放在蔬菜之間。

 邊端預留縫隙，蓋上保鮮膜。

---

4 用微波爐加熱

🍲 **600W** ⏱ **3分10秒**

系統：以每100g總重量（雞肉＋洋蔥＋鴻喜菇＋調味材料＋奶油）加熱1分30秒來計算（P106）。

接下一頁

5 拿出後，依序加入低筋麵粉、牛奶、水和通心粉

灑上低筋麵粉。　　將整體攪拌至看不見　　將牛奶分2到3次加　　以淋遍通心粉的方式
　　　　　　　　　　　粉末為止。　　　　　　入，每次加入時要充　　加入水。
　　　　　　　　　　　　　　　　　　　　　　分拌勻。

邊端預留縫隙，蓋上保鮮膜。

6 微波爐加熱

📟 600W ⏱ 3 分 10 秒

系統：以每100g（低筋麵粉＋牛奶＋水＋通心粉）
加熱1分30秒來計算（P106）。

拿出後的狀態。

7 拿出後 充分攪拌

從底部往上翻拌，
將整體拌勻。

8 微波爐加熱

📟 600W ⏱ 2 分

（不蓋保鮮膜）　穩定黏稠度。

拿出後的狀態。

9 裝盤後 灑上披薩用乳酪絲， 再灑上起司粉

10 微波爐加熱

📟 600W ⏱ 2 分

（不蓋保鮮膜）　加熱至乳酪絲融化。

②

煮副菜、做便當的
好幫手

用微波爐邏輯

調理公式

備料

微波爐也適合用來進行加熱蔬菜等備料工作嗎？由於不需煮沸熱水，燙青菜不僅省時簡單，營養素也不易流失。很多人不清楚用微波爐加熱蔬菜的加熱時間，本篇將會詳細解說，讓你不再迷惘。即使材料重量改變，也能不看食譜就掌握加熱時間。此外，也會一併介紹加熱好的食材該如何享用。

【豆芽菜】

豆芽菜帶有一股特殊的草味，加熱前要充分洗淨。加熱時間設定為能保留清脆口感的時間。

材料 | 方便製作的
分量
1袋份

食材
豆芽菜	200g（1袋）

---

❶ 豆芽菜
充分洗淨

用流動的水沖洗約1分。可以的話也將鬚根摘掉。

---

❷ 放入耐熱碗內

瀝乾水分後放到碗內。

邊端預留縫隙，蓋上保鮮膜。

---

❸ 微波爐加熱

🔲 600W ⏱3分

系統： 以每100g總重量（豆芽菜）加熱1分30秒來計算（P106）。

---

❹ 拿出後，
倒掉出
水部分

出水部分帶有草味，必須倒掉。可倒進篩網瀝乾。

變化料理 **辣芥末醬油豆芽菜**

材料 | 相對於100g豆芽菜

在微波爐加熱後的豆芽菜上加入醬油1小匙、黃芥末醬（軟管5mm）拌勻。

·········· 【 菠菜 】

在菠菜根部劃一刀較容易去除澀味。加熱後立刻掀開保鮮膜瀝乾水分，不僅顏色會變得鮮綠，澀味也會流掉。

材料　　方便製作的分量　1把份

食材

菠菜	200g（1把）

1 菠菜充分洗淨後，在根部劃一刀

2 用保鮮膜粗略包住菠菜

瀝乾水分後包起來。

3 微波爐加熱

600W ⏱ 3分

系統：以每100g總重量（菠菜）加熱1分30秒來計算（P106）。

＊若是平板式微波爐，根部朝中央；若是轉盤式，則根部朝外。

4 拿出後，立刻泡進水中

將菠菜放入裝水的盆內，拆掉保鮮膜使之冷卻。

＊用流動的水沖洗會更好。菠菜冷卻後要泡在冷水中1分。

涼拌菠菜

材料　相對於100g菠菜

將微波爐加熱後的菠菜擠乾水分，切成4～5cm長，然後裝盤。

將和風高湯粉少許（一撮）用1小匙熱水溶解後，加入❶小匙醬油拌勻，淋在步驟1上。最後擺上柴魚片，分量依個人喜好。

┈┈┈ # 【蛋】

加熱容器最好選用碗口小、深度5cm以上的容器。水量要足以完全淹過雞蛋。

材料 1顆份 | **食材** 蛋　　　　　　　　　　1顆 | 水　　　　能淹過雞蛋的量（以60g為基準）

---

① ## 將蛋打在小型耐熱容器內，倒入水

倒入足以淹過雞蛋的水。為防止雞蛋破裂，用竹籤等在蛋黃刺個洞。

---

② ## 微波爐加熱

🍲 **600W** ⏱ **50秒**

不蓋保鮮膜

＊秒數會受到容器大小和水量影響。以1顆蛋＋60g水加熱50秒為基本，視情況而定，不夠則以10秒為單位繼續加熱。

加熱前的狀態。

---

③ ## 拿出

加熱後的狀態。

變化料理 ## 半熟蛋

材料 將荷包蛋移到容器內，麵味露加水稀釋（依照使用的麵味露規定）後，倒入適量於容器內。最後依照個人喜好灑上蔥花。

＊亦可用於擺在沙拉、蓋飯、冷豆腐、咖哩、焗飯或吐司上。

（微波爐備料加熱） 【番薯（番薯泥用）】

下面介紹的是要做濕潤番薯泥時的備料方法。若要用於炸物，加熱時間調整為每100g加熱1分30秒，不加水。

（材料） 方便製作的分量

食材
番薯（去皮） 200g（1根） ｜ 水 2大匙（30g）

*水量以每100g番薯加1大匙為基準。

1 切番薯

將番薯切成1cm寬的半月形，泡水1分（去除澀味）後瀝乾。

2 番薯放入耐熱碗內

將番薯平鋪在碗中，避免重疊，並加入2大匙水。

邊端預留縫隙，蓋上保鮮膜。

3 微波爐加熱

600W ⏱5分40秒

系統：以每100g總重量（番薯＋水）加熱2分30秒來計算（P106）。

*若是平板式微波爐，大塊番薯放中央；若是轉盤式，則將大塊番薯放外側。

4 拿出

拿出後的狀態。

（變化料理） 番薯泥

（材料） 相對於200g番薯

微波爐加熱後的番薯不要瀝乾，趁熱加入奶油5g、糖½小匙（1.5g）和牛奶1大匙（15g），然後壓碎。

系統

1 調理

2 備料

3 煮飯／義大利麵

4 調理資料

075

‥‥‥‥▶ 【雞柳】

因為想讓雞柳能變化出各種料理，因此鹽分濃度調整為0.5%。雞柳的筋會在加熱後撕成絲時去除，因此一開始不用去筋也沒關係。

材料	方便製作的分量	食材			
		雞柳	2條（120g）	酒	1小匙多（6g）
		鹽	用2指捏少許		
			（0.6g，雞柳重量的0.5%）		

1 材料全都放入耐熱碗內

 將雞柳擺在碗內，避免重疊，然後灑上鹽和酒。

 邊端預留縫隙，蓋上保鮮膜。

2 微波爐加熱

🔲 600W ⏱ 1分50秒

系統：以每100g總重量（雞柳＋酒）加熱1分30秒來計算（P106）。

＊若是平板式微波爐，則放中央；若是轉盤式，則放外側。

3 拿出

 拿出後的狀態。

＊若總重量超過200g的情況，加熱時間調整為每100g加熱2分，途中拿出翻面。

變化料理 **醬油美乃滋拌雞柳蘿蔔苗**

材料 相對於雞柳2條

1 微波加熱後的雞柳待涼後，用手撕成方便食用的大小並去筋。

2 將¼包的蘿蔔苗長度切半，加入步驟❶、美乃滋1小匙、醬油1小匙和黃芥末醬¼小匙拌勻。

----- 【毛豆】

毛豆選用生毛豆，若是使用冷凍毛豆，要挑選不帶鹽味的產品。因為是帶殼撒鹽，鹽分濃度為2%，這樣食用時鹽分濃度就剛剛好。

材料　方便製作的分量

食材			
毛豆（帶殼）	200g	水	2大匙（30g）
鹽	⅘小匙（4g，毛豆重量的2%）	＊水量為每100g毛豆1大匙	

① 材料全都放入耐熱碗內

邊端預留縫隙，蓋上保鮮膜。

② 微波爐加熱

600W ⏱ 6分50秒

系統：以每100g總重量（毛豆＋水）加熱3分來計算（P106）。
＊使用冷凍毛豆的話，則依照產品說明加熱。

③ 拿出後混合

拿出後的狀態。

淋上醬汁後混合。充分混合使鹽味入味，也讓毛豆更有光澤。

變化料理　**蒜辣毛豆**

材料　相對於100g毛豆

使用微波加熱後的帶殼毛豆。在耐熱碗內加入橄欖油1小匙、切碎的蒜末¼小匙、切成輪狀的紅辣椒少許，蓋上保鮮膜後用微波爐加熱1分。

【馬鈴薯】

這是將馬鈴薯切成3cm塊狀後加熱的方法。若是在加熱途中拿出馬鈴薯的話，因為果膠性質的關係，馬鈴薯會變硬，因此絕對不要中途停止加熱。

材料　方便製作的分量

食材			
馬鈴薯（去皮）	中型2個（200g）	水	2大匙（30g）

＊水量以每100g馬鈴薯1大匙為基準。

1 切馬鈴薯

馬鈴薯以滾刀切成3cm大塊狀，泡水約1分後（去除澀味）瀝乾。

2 材料全都放入耐熱碗內

在碗內擺放馬鈴薯，避免重疊，然後加入2大匙水。

邊端預留縫隙，蓋上保鮮膜。

3 微波爐加熱

🍲 **600W** ⏱ **5分40秒**

系統：以每100g總重量（馬鈴薯＋水）加熱2分30秒來計算（P106）。

＊若是平板式微波爐，將大塊的放中央；若是轉盤式，則將大塊的放外側。

4 拿出

拿出後的狀態。

＊馬鈴薯切大塊時，不要掀開保鮮膜靜置約15分，用餘溫使馬鈴薯變鬆軟。

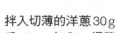

變化料理　簡單的馬鈴薯沙拉

材料　相對於200g馬鈴薯

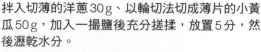

1 拌入切薄的洋蔥30g、以輪切法切成薄片的小黃瓜50g，加入一撮鹽後充分搓揉，放置5分，然後瀝乾水分。

2 微波加熱的馬鈴薯不用瀝乾，趁熱放到耐熱碗內攪成泥狀。

3 在步驟❷加入鹽和胡椒粉各少許、步驟❶、切成細絲的火腿2片和2大匙美乃滋拌勻。

【茄子】

微波爐備料加熱

茄子採用用保鮮膜整條包住的方式加熱。加熱後連著保鮮膜一起放入冷水冷卻，茄子就能維持鮮艷的紫色，不會褪色。

材料　方便製作的分量

食材	
茄子	2大條（200g）

1 用筷子等在茄子上刺洞

為防止茄子破裂，在外皮的三處刺洞。用叉子或竹籤也行。

2 用保鮮膜包住

2條分別包上保鮮膜。

3 微波爐加熱

600W ⏱ 4分

系統：以每100g總重量（茄子）加熱2分來計算（P106）。

＊若是平板式微波爐就放中央；若是轉盤式，則放外側。

4 拿出後立刻放進冰水冷卻

拿出後茄子後立刻泡在裝冰水的盆內，連著保鮮膜一起冷卻。

＊若沒有冰水，就改用流動的水來冷卻。

變化料理　茄子芝麻沙拉

材料　相對於200g茄子

將微波加熱的茄子去蒂後，縱切成2～3等分，然後裝盤。淋上市售芝麻醬1又½大匙，最後灑上少許蔥花。

【洋蔥】

洋蔥切碎時加熱時間也相同。加熱後出現的水分帶有臭味，必須倒掉。

材料 1顆份

食材			
洋蔥	200g（1顆）	水	2大匙（30g）

*水量以每100g洋蔥1大匙為基準。

---

① **切洋蔥**

洋蔥沿著纖維切絲後，泡水約30秒去除辛辣味，然後放進篩網瀝乾。

② **材料全都放入耐熱碗內**

也要加水。加水更容易引出洋蔥的甜味。

邊端預留縫隙，蓋上保鮮膜。

---

③ **微波爐加熱**

🍲 **600W** ⏱ **5分40秒**

系統：以每100g總重量（洋蔥+水）加熱2分30秒來計算（P106）。

---

④ **拿出**

拿出後的狀態。

變化料理 **柚子醋拌洋蔥**

材料 相對於100g薄切洋蔥

① 趁微波加熱的洋蔥還溫熱時，加入柚子醋醬油2小匙拌勻，出水部分則倒掉。

② 加上柴魚片2g拌勻。

(微波爐備料加熱) # 【南瓜】

南瓜的加熱時間調整為適合搗爛食用。若之後要進行炸、烤等調理方式的話，請以每100g提早約30秒～1分拿出南瓜。

(材料) 1顆份

食材			
南瓜（去除種籽和棉狀纖維）	200g（⅓顆多）	水	2大匙（30g）

*水量以每100g南瓜1大匙為基準。

---

① **切南瓜**

切成3～4cm方塊。

---

② **材料全都放入耐熱碗內**

將南瓜皮朝下擺放在碗內並加水。加水能讓南瓜變濕潤。

邊端預留縫隙，蓋上保鮮膜。

---

③ **微波爐加熱**

🍲 600W ⏱ 5分40秒

系統：以每100g總重量（南瓜+水）加熱2分30秒來計算（P106）。

---

④ **拿出**

拿出後的狀態。

(變化料理) # 南瓜沙拉

(材料) 相對於200g南瓜

微波加熱的南瓜不用瀝乾，直接放入耐熱碗內搗碎。之後加入葡萄乾10g、奶油乳酪20g、美乃滋2大匙充分攪拌。之後加入少許的鹽，灑2次胡椒粉拌勻。如果有的話，也可擺上杏仁片做裝飾。

【紅椒】

紅椒用烤箱或平底鍋烤至柔軟就能引出甜味，用微波爐長時間加熱則容易產生苦味，因此加熱至保留口感的熟度才是正確的。

材料 方便製作的分量

食材	
紅椒（去蒂和種籽）	100g（1顆）

1 切紅椒

紅椒切成4〜5cm長，寬1cm的棒狀。

2 材料全都放入耐熱碗內

邊端預留縫隙，蓋上保鮮膜。

3 微波爐加熱

🍲 600W ⏱ 2分

系統：以每100g紅椒加熱2分來計算（P106）。

4 拿出

拿出後的狀態。

變化料理 香草醃泡紅椒

材料 相對於100g紅椒

趁熱在微波加熱後的紅椒內加入香草鹽¼小匙和1小匙橄欖油拌勻。

【冬粉】

微波爐備料加熱

將10g冬粉煮軟需要用到50g的水，而讓水完全沸騰得費時1分。之後每增加10g冬粉，加熱時間就要增加45秒（P106）。

材料｜方便製作的分量

食材

冬粉（乾燥）	30g	水	150g

1 材料全都放入耐熱碗內

若容器裝不下冬粉，可用料理剪刀剪斷。

將冬粉泡在水中，用筷子輕輕攪散。不用整個泡在水中也沒關係。

2 微波爐加熱

🍲 600W ⏱ 2 分 30 秒

不蓋保鮮膜　系統：冬粉和水量、加熱時間的關係詳見P106。

3 拿出

拿出後的狀態。就這樣放置3分，悶熟冬粉。

變化料理 **冬粉沙拉**

材料｜相對於30g冬粉（乾燥）

 加熱後軟化的冬粉用流動的水冷卻後，放進篩網瀝乾。

加入切成絲的2片火腿、用鹽抓過的½條切絲小黃瓜，然後加入醬油、醋、糖各2小匙，以及½小匙芝麻油後拌勻。

┄┄┄ # 【通心粉】

使用4分快煮的通心粉。其他煮熟時間的水量和加熱時間會有變化，請參照P107。

材料 方便製作的分量

食材

通心粉（乾燥，4分快煮）	30g	水	150g
		沙拉油	1小匙

① ## 放入耐熱碗內

加油可避免通心粉黏在一塊，即使通心粉增量，油量仍不變。

將通心粉泡在水中，用筷子輕輕攪散。

加熱前。

② ## 微波爐加熱

🍲 600W ⏱ 6分10 秒

不蓋保鮮膜 蓋保鮮膜會溢出來，必須注意。

*關於通心粉用量、使用煮熟所須時間不同的通心粉時的加熱時間，請參見P107。

③ ## 拿出後用筷子攪散

拿出後的狀態。

悶1分後用筷子攪拌，將黏在一塊的通心粉攪散。

變化料理 ## 通心粉沙拉

材料 相對於30g通心粉（乾燥）

① 用流動的水將微波加熱後變軟的通心粉的黏液洗去，再用篩網瀝乾水分。

② 加入以輪切法切成薄片的鹽漬小黃瓜120g、切成絲的2片火腿和2大匙美乃滋拌勻。

③

> 少量烹調才是微波爐看家本領。
> 調理時間比電子鍋和鍋子更快

用微波爐邏輯

調理公式

煮飯＆
義大利麵

只想煮1杯米或是煮一人份的義大利麵時，用微波爐最方便。可是用微波爐容易發生湯汁溢出、麵條沒煮透等失敗情況，因此正確計算水量和加熱時間也就相當重要。在本書中會標示根據調理科學算出的水量和加熱時間。計量很重要，尤其是煮飯時，水量需秤重後再加入。平時習慣用目測或ml計算的人要特別注意。

白飯

微波爐能徹底掌控火候與時間，煮飯正是它的看家本
領。透過600W和200W火力的組合，就能運用和電子
鍋相同的加熱原理煮飯。煮1杯米的話，微波爐能比電
子鍋更快煮好。

（材料） 2人份
150g＝1杯米

食材	
米	150g（1杯／180ml）
水	洗好的米＋水共390g

① 米洗好後倒入耐熱碗內，加水直到重量達 390 g

米洗好後，用篩網瀝乾水分。

將耐熱碗放在電子秤上，使用扣重功能將數字歸零。

洗好的米

＋

水

⇨ 等於 390g

② 泡水 30分

微波爐容易出現加熱不均的情況，所以米一定要泡水。

邊端預留縫隙，蓋上保鮮膜。

③ 微波爐加熱

🔲 600W ⏱ 4分30秒

系統：以每150g米（1杯）加熱4分30秒來計算（P106）。
＊水溫低於10℃者再加熱30秒。

⬇

🔲 200W ⏱ 15分

系統：加熱時間固定，無關米的重量。

⬇

在微波爐內悶置 ⏱ 5分

系統：悶熟。悶置時間也是一定，無關米的重量。

拿出後的狀態。

④ 拿出後 從底部翻拌

從底部翻拌，避免壓爛米粒。

抓飯

這是將米加上調味和配料煮成的飯。重點在於煮1杯米
的話，洗好的米＋水＝360g，配料則擺在米上。

材料	2人份 150g ＝1杯米		

食材

米	150g（1杯／180ml）
水	洗好的米＋水共360g

配料

雞腿肉（或雞胸肉）	100g
洋蔥	50g（¼顆）
胡蘿蔔（去皮）	50g（⅓根）

調味

奶油	5g
法式清湯粉	2小匙（6g）
鹽	少許（0.5g）
胡椒粉	灑2下

＊1杯米（150g）加2小匙法式清湯粉

1 米洗好後倒入耐熱碗內，加入水直到重量達360g

米洗好後，用篩網瀝乾水分。

將耐熱碗放在電子秤上，使用扣重功能將數字歸零。

 ＋  ⇨ 等於 360g

洗好的米　　**水**

2 泡水30分

微波爐容易出現加熱不均的情況，所以米一定要泡水。

3 切配料

雞肉
切成1cm方塊。

洋蔥
切碎。

胡蘿蔔
切碎。

4 將調味材料攪拌後淋在配料上

配料一定要擺在米上。拌進去的話米就會不易受熱，無法煮透，要多加注意。

邊端預留縫隙，蓋上保鮮膜。

5 微波爐加熱

600W ⏱ 6分

系統：以每150g米（1杯）加熱6分來計算（P106）。
＊水溫低於10℃的話再加熱30秒。

⬇

200W ⏱ 15分

系統：加熱時間固定，無關米的重量。

⬇

在微波爐內悶置　⏱ 5分

系統：悶熱。悶置時間也是一定，無關米的重量。

6 拿出後
從底部翻拌

拿出後的狀態。

從底部翻拌，避免壓爛米粒。

變化　和抓飯的做法相同

雜煮飯

將調味料改成醬油，改變配料就變成雜煮飯。加入的配料
基準量為米的八成量到等量，能增添分量感。

材料

2人份
150g
=1杯米

食材

米	150g（1杯／180 ml）
水	洗米後的米＋水為360g

配料

雞腿肉、胡蘿蔔、炸豆皮、香菇
　　　　　　　　總計120～150g

調味

醬油	1大匙（18g）
糖	1大匙（9g）
和風高湯粉	⅔小匙（2g）

＊1杯米（150g）加1大匙醬油＋1大匙糖

1 米洗好後倒入耐熱碗內，
加入水直到重量達360g，
浸泡30分

微波爐容易出現加
熱不均的情況，所
以米一定要泡水。

2 切配料

雞肉
切成1cm
方塊。

胡蘿蔔
切成銀杏葉狀
薄片。

炸豆皮
切成長3cm，寬
1cm的塊狀。

香菇
切成薄片。

3 將調味材料
攪拌後
淋在配料上

配料一定要擺在
米上。

邊端預留縫
隙，蓋上保
鮮膜。

4 微波爐
加熱

🍲 600W ⏱ 6分

系統：以每150g米（1杯）加熱6
分來計算（P106）。

＊水溫低於10℃的話再加熱30秒。

⬇

🍲 200W ⏱ 15分

系統：加熱時間固定，
無關米的重量。

⬇

在微波爐內悶置置 ⏱ 5分

系統：悶熟。悶置時間固定，
無關米的重量。

5 拿出後
從底部翻拌

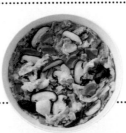
拿出後的
狀態。

從底部翻拌，避免
壓爛米粒。

培根蒜辣麵

將材料全放入耐熱碗內，用微波爐做的一碗到底義大利麵。義大利麵的加熱時間為義大利麵包裝上標示的煮麵時間＋水滾的時間。用微波爐煮滾水的時間為每100g水1分30秒。

擺盤 memo

拿出後，加入1又⅔多大匙（10g）起司粉和30ml牛奶拌勻，最後擺上溫泉蛋（市售品或P74的荷包蛋），上面灑上適量黑胡椒。

（材料） 1人份

食材	
義大利麵（煮7分）	100g
水	255g

＊義大利麵量改變時的水量請參見P107。

配料	
培根（切片）	50g
洋蔥	50g（¼顆）

調味	
橄欖油	1大匙（12g）
法式清湯粉	1小匙（3g）
大蒜（切碎）	½小匙（2g）
紅辣椒（切輪狀）	少許

1 義大利麵對折／切配料

義大利麵
直接放無法放入耐熱碗，因此要將麵條對半折斷。

培根
切成1cm寬。

洋蔥
沿著纖維切絲。

2 在耐熱碗內依序放入義大利麵和水

首先將義大利麵交叉成十字放入。這樣擺能避免義大利麵黏在一塊。

⬇

將配料和調味材料擺在上面

擺上配料的狀態。

邊端預留縫隙，蓋上保鮮膜。

3 微波爐加熱

🔳 600W ⏱ 10 分 40 秒

義大利麵量改變時的水量請參見P107。

＊途中拿出的時間點以整體加熱時間的7成為基準。

⬇

7分後　拿出來攪拌

4 拿出

剩餘時間繼續加熱完成後拿出來的狀態。從底部往上翻拌。

（用微波爐煮義大利麵）

番茄義大利麵

和義大利麵煮好後才加入番茄醬的原理一樣，使用
微波爐調理時，一開始就加入番茄醬會使麵條結
塊，因此要在途中加入。

灑上粗黑胡椒粉。

擺盤 memo

材料 1人份

食材	
義大利麵（煮7分）	100 g
水	255 g

▲義大利麵量改變時的水量請參見P107。

配料	
培根（切片）	20 g
鴻喜菇	50 g（½包）

調味	
橄欖油	1 大匙（12g）
法式清湯粉	1 小匙（3g）
大蒜（切碎）	1 小匙多（5g）
鹽	少許（0.5g）
黑胡椒粉	少許
番茄醬（市售品）	150 g

① 義大利麵 對折／切配料

義大利麵
直接放無法放入耐熱碗，因此要對半折斷。

培根
切成1cm寬。

鴻喜菇
切掉根部後撕開。

② 在耐熱碗內 依序放入 番茄醬以外的材料

首先將義大利麵交叉成十字放入，並倒入水。然後再擺上配料和調味材料。

邊端預留縫隙，蓋上保鮮膜。

③ 微波爐加熱

 600W ⏱ 13分

⬇

9分後拿出

⬇

將整體攪拌後加入番茄醬，剩餘時間繼續加熱

*加熱時間的公式（水量＋番茄醬的量）÷100×1.5＋指定煮麵時間
*途中拿出的時間點以整體加熱時間的7成為基準

邊端預留縫隙，再蓋上保鮮膜。

④ 拿出

拿出來的狀態。從底部往上翻拌。

*亦可加入鹽與胡椒粉（額外分量）來調整味道。

變化 做法和番茄義大利麵一樣

番茄奶油鮪魚義大利麵

鮪魚用微波爐加熱會破裂，因此要放在蔬菜底下以防四處飛散。

材料 1人份

食材

義大利麵（煮7分）	100g
水	255g

＊義大利麵量改變時的水量請參見P107。

配料

鮪魚（湯汁倒掉）	1罐
洋蔥	¼顆（50g）
菠菜	200g（1把）

調味

橄欖油	1大匙（12g）
大蒜（切碎）	1小匙多（5g）
鹽	一撮（1g）
黑胡椒	少許
紅辣椒（切環）	少許
番茄醬（市售品）	150g

1 義大利麵對折／切配料

 菠菜 切成3cm寬。

 洋蔥 切絲。

2 在耐熱碗內依序放入番茄醬、菠菜以外的材料

 邊端預留縫隙，蓋上保鮮膜。

 將義大利麵交叉成十字放入，再依序加入水、鮪魚和洋蔥，最後放入調味料。

3 微波爐加熱

 600W ⏲ 13分

↓

9分後　拿出來

↓

攪拌後加入番茄醬、菠菜一起混勻，剩餘時間繼續用微波爐加熱

＊加熱時間的公式（水量＋番茄醬的量）÷100×1.5＋指定煮麵時間
＊途中拿出的時間點以整體加熱時間的7成為基準

 邊端預留縫隙，再蓋上保鮮膜。

4 拿出

 從底部翻拌。裝盤後，依個人喜好淋上鮮奶油。

096

④

微波爐高手必懂的

微波爐邏輯
調理公式
資料

分量和食譜不一樣時該怎麼辦？
我家的微波爐只有 500W……
我想將醬油口味改成鹽味……
我想深入了解調味料的鹽分濃度……
諸如上述想以自己的方式變化料理時，請一定要閱讀本章。
此外，關於食材的切法、使用微波爐的訣竅，
本章也會詳加解說。

進一步認識微波爐 **Q&A**

下面彙整了關於微波爐調理的單純疑問。能加深各位對微波爐的認識，提昇料理技術，讀完後不妨試著挑戰看看吧。

Q1 微波爐可以使用哪些器皿？
為什麼不能使用不鏽鋼碗？

微波乃是直線行進，具有隨物質不同呈現穿透、反射和吸收的性質。微波能穿透空氣、玻璃、陶器和塑膠等，遇到金屬會反射，遇水及鹽等則會被吸收。

微波爐可使用的器皿和素材

◎ 耐熱玻璃和陶器。

◎ 紙（例如紙巾、烤盤紙等）。

◎ 聚丙烯、食品用密閉容器等。

不可使用的素材

✕ 聚乙烯（耐熱溫度80～90℃）、塑膠袋等。

✕ 聚苯乙烯（耐熱溫度70～90℃）、食品托盤、杯麵容器和便當容器。

✕ 金屬容器和鋁箔紙。由於會反射微波，內部的食品不僅不會發熱，甚至還會放電（產生火花等），不僅危險，同時也是導致微波爐故障的原因，千萬不可使用。

✕ 木製品、漆器和美耐皿等。這類器具會吸收微波並產生高溫，所以不可使用。

*請務必確認是否有標示微波爐可用的標記。

本書所使用的器皿

微波爐適用的陶器碗
（大碗）

耐熱玻璃淺盤

耐熱玻璃碗也很適合
用於微波爐調理

Q2 微波爐調理的優缺點為何？

優點

1 ── { **調理時間短** }　微波容易被食品中的水分吸收，經由分子運動產生摩擦生熱來進行加熱。因此食品本身會發熱，相較於其他加熱方法溫度上升得較快。

2 { **營養成分不易流失** }　由於加熱時間短，諸如維他命C等怕熱營養素的損失也較少。

3 ── { **顏色漂亮，不易煮爛** }　由於料理時間短，色素不會隨水分流失，也不會烤焦，煮好的成品顏色相當漂亮。另外，食品可裝在器皿裡加熱，調味液不會產生對流，食物因此不易煮爛。

4 ── { **不需用火，相當安全** }　食品溫度不易達到100℃以上。也可以說不易產生油煙。加上具定時功能，不會有忘記關火的風險。

5 ── { **具殺菌效果** }　充分加熱就能達到100℃，得到與煮沸殺菌相同的效果。

缺點

1 { **量多的時候較費時** }　由於食品量和加熱時間幾乎成正比，因此少量調理時加熱時間快，一旦量一增多，有時候甚至比用鍋子和平底鍋煮還費時。

2 { **容易變硬** }　食品的水分容易蒸發，脂肪流失較多，重量容易減少，也較容易變硬。因此必須多一道手續，用保鮮膜包覆來防止水分蒸發。

3 ── { **表面不會產生烤痕** }　由於是透過讓食品中的水分發熱來進行加熱，基本上不會產生烤痕。

4 { **容易加熱不均** }　微波會隨食品的成分和形狀不同而照射不均，容易產生加熱不均。有時會造成半生不熟。

Q3 微波爐調理和用鍋子煮有何不同？

調理操作	導熱媒體	傳熱方式
用鍋子煮、燙	水、調味液	對流
用平底鍋煎、炒	平底鍋（金屬）	傳導
炸	油	對流
烤箱	空氣、金屬板	對流、傳導、輻射
微波爐	微波	微波照射

煮、燙調理法是藉由水和調味液加溫時所產生的對流熱，從食品外部往內部傳熱來進行加熱。用平底鍋煎、炒則是透過平底鍋受熱所產生的高溫熱能傳導來進行加熱。烤箱是透過箱內的熱（空氣）對流和傳導，以及壁面發出的熱輻射來進行加熱。至於微波爐，則是藉由微波直接照射食品，使之吸收、發熱來進行加熱。簡單來說，用鍋子煮和用平底鍋炒是導熱後從外部加熱食品，微波爐調理則是透過讓食品本身發熱來進行加熱。

Q4 造成微波爐加熱不均的原因是什麼？該如何解決？

造成加熱不均的主要原因，是因為微波的吸收率會隨食品不同而異。**食品與調味料一起加熱時，鹽分高的部分微波吸收率高，溫度上升較快**。此外，水比冰更能吸收微波，<u>因此解凍時微波會集中在水中，容易產生加熱不均</u>。不僅如此，使用轉盤式微波爐時，<u>微波容易集中在角落及球的中心</u>，與平板式微波爐不同。而且，隨爐內配置和食品形狀的不同，加熱也會有所偏差。

解決辦法

1 ┄┄{ **加熱後攪拌** } 藉由攪拌的動作使溫度達到均等。攪拌時需上下翻拌，從底部往上大幅攪拌。隨料理而定，有些料理容易煮爛，請務必注意。量多時，可在加熱途中拿出來攪拌。

2 ┄┄{ **加熱後暫時悶置** } 即所謂的用餘溫加熱。暫時悶置能讓熱能從高溫部分傳導到低溫部分，使整體溫度達到一致。若能上下翻拌，效果會更好。

加熱後從底部往上大幅攪拌。

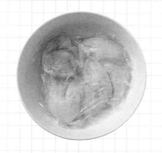

上下翻拌後，靜置降溫。這時，將保鮮膜緊貼著食材，不僅能防止乾燥，也能讓調味液更入味。

將南瓜的果肉朝下，味道會更入味。

Q5 調味料淋在表面上直接加熱，保鮮膜會融掉嗎？

鹽分高的部分微波吸收率較好，溫度會較快上升，因此若用保鮮膜蓋住調味料的話，有時候可能會造成保鮮膜變形。**為避免醬油和高湯粉等鹽分高的食材接觸保鮮膜**，最好多一道步驟，將這類食材放在食材之間或是加水溶解後再加入。

雞湯粉在最上層的話，可蓋上蔬菜遮住。

Q6 微波爐調理一定要用保鮮膜嗎？

微波爐會使食品內的水分振動發熱，產生水蒸氣，具有食品水分容易蒸發的特徵。因此沒有蓋子的耐熱容器就要多一道手續，為防止蒸發以蓋上保鮮膜來取代蓋子。加蓋就不需要用保鮮膜。加蓋（保鮮膜）能讓熱效率變好。蓋保鮮膜時，為了讓空氣流通，可稍微預留縫隙或是在保鮮膜挖個氣孔。包得密不通風的話，加熱時容器內的空氣會膨脹，使保鮮膜鼓脹，這樣拿出時就會迅速癟掉，有時會黏在料理上。而在需要蒸發水分的情況，則要利用微波爐的特性，不蓋保鮮膜或蓋子直接加熱。

邊端預留5mm的縫隙再蓋上保鮮膜。

保鮮膜包緊時，可用筷子等在上面挖出氣孔。

Q7 途中拿出食材時一定要翻面嗎？

煮叉燒肉等肉塊時以每5分翻面一次的方式加熱，就能讓肉均勻受熱，肉質柔軟。

這要視食品的溫度和種類而定，微波滲透食品的深度大約為2.5cm。

因此，厚度薄的食品及少量的情況下可以不用翻面，至於像肉塊那樣又厚又大且量多的情況下，就必須要翻面來防止加熱不均。

另外，連續加熱可能會造成醬油等鹽分高的調味液焦掉，必須拿出來攪拌，防止調味料焦掉。

Q8 微波爐火力只有500W該怎麼辦？瓦數800W和1000W又該如何調理？

火力500W和700W的情況請參見P111。

可以的話建議最好使用500～600W。若超過上述瓦數的話，由於溫度會急速上升，容易造成加熱不均。此外，也不易引出澱粉和蔬菜的甘甜，有時候味道甚至會變差。

【調理的基礎】── 蔬菜切法

為了讓料理初學者也能一看就懂，本書盡量避免使用料理專門用語，僅切法部分有出現特有表現。下面就針對初學者不易懂的部分進行解說。

滾刀法

將蔬菜切成多邊形的切法。由於表面積變大，比起一口大小更容易入味。棒狀蔬菜（小黃瓜、胡蘿蔔、牛蒡等）最容易切。

切小黃瓜時（棒狀蔬菜）

先從邊端斜切3㎝大小，接著將小黃瓜往自己方向轉動90度，從切口的正中央下刀，將小黃瓜斜切成相同大小。

切馬鈴薯時（球狀蔬菜）

基本上切法與小黃瓜一樣，馬鈴薯愈大，滾刀切塊的大小也會變大。這種情況下，可先將馬鈴薯切半後再開始滾刀切。

切白蘿蔔時（大型蔬菜）

❶ 先將白蘿蔔縱切成4～8等分的棒狀，之後切法和小黃瓜一樣。

❷ 一般會先將其中一端切約3㎝大小，但也會隨料理和食材的不同而切大或切小。

輪切法、半月切法、銀杏葉切法

用於切口呈圓形蔬菜的切法，將輪切法再對切就是半月切法，接著再對切就是銀杏葉切法，一併記起來吧。

輪切法

從邊端將切口呈圓形的蔬菜筆直切片。切口呈輪狀（圓形）。從邊端開始，以0.6～2cm左右等一定的厚度筆直切片。

半月切法

輪切之後再對切，稱作半月切法。若整條蔬菜都要用半月切法的話，可先將食材縱剖對切，再從邊端以一定的厚度筆直切片。

銀杏葉切法

半月切之後再對切，稱作銀杏葉切法。這是仿銀杏葉形狀的切法。若整條蔬菜都要用銀杏葉切法的話，可先將蔬菜縱切成¼，接著從邊端以一定的厚度筆直切片。

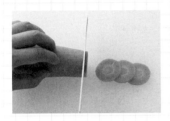  

切細、切絲

將蔬菜切薄或斜切後，從邊端切細的切法。通常長度為4～5cm，隨寬度而異，有切細和切絲之分。

以切胡蘿蔔為例

❶ 先切成4～5cm長。

❷ 將切好的蔬菜豎起，筆直切成3mm厚的板狀。

切細

將切成板狀的蔬菜並排，從邊端開始將蔬菜切成寬4～7mm的細條。若寬度較厚，就稱作長條切法。

切絲

將切成板狀的蔬菜並排，從邊端開始切成寬小於3mm的細絲。

切碎

切成細末的方法。稍微切粗一點就變成「切粗末」。

以洋蔥為例

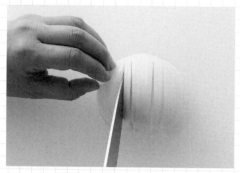

❶ 先縱切成兩半,將切口朝下放,沿著纖維下刀,切痕要密些,根部不要切斷。切痕愈密就變成切細末。

❷ 接著將洋蔥左轉90度,菜刀則橫著入刀,橫切2～3刀切痕。

❸ 就這樣從邊端切薄,自然就能切出細末。

❹ 若要切得更細時,可壓住菜刀的尖端,上下移動菜刀將細末切碎。

以蔥為例

❶ 從邊端斜切出細密的切痕。切痕的深度約為蔥厚度的⅓～½左右。

❷ 將蔥旋轉90度,同樣斜切出細密的切痕。注意不要完全切斷,保持還有一點相連的狀態。這種切法稱作蛇腹切法。

❸ 接著從邊端切薄,自然就能切出細末。

斜切

斜著削薄的切法。特徵是切口呈斜面。

以白菜為例

先縱切成3等分，接著使菜刀稍微橫躺，從邊端斜切入刀。

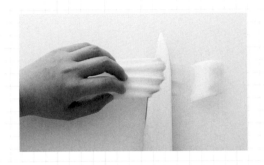

以香菇為例

香菇去柄，使菜刀稍微橫躺，從邊端斜切入刀。這種切法能讓香菇的褐色與白色形成對比，相當漂亮。

洋蔥切絲 （沿著纖維切的方法、切斷纖維的方法）

將洋蔥切絲時，其口感和加熱方式會視是否沿著纖維切而有不同。

沿著纖維切的方法

將洋蔥切半後，將根部朝著自己。確認洋蔥的紋理（纖維）方向為直向。然後從端開始切。沿著纖維的切法能嘗到洋蔥清脆的口感。

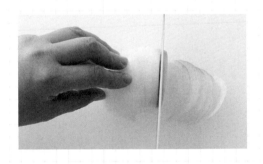

切斷纖維的方法

確認洋蔥的紋理（纖維）方向為橫向。然從邊端開始切。這種切法容易受熱變軟。

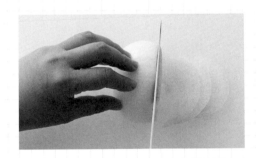

切成小束

將多束聚集而成的食材去掉莖、柄和根部，切成適當大小的切法。

以青花菜為例

從花蕾根部下刀，切離粗莖。用菜刀從花蕾根部下刀，將青花菜切成一個個小束。也可以使用用料理剪刀。

加熱時間的法則

每100g	狀態	料理名稱	食材名稱
1分30秒	• 保留清脆口感 • 馬上就煮熟的食品 • 薄或油脂少的肉 ※需加熱2分的食品切碎後也能列入對象	• 牛肉蓋飯（P12） • 薑燒豬肉（P14） • 茄汁豬肉（P16） • 竹筍土佐煮（P39） • 麻婆豆腐（P44） • 醬汁炒麵（P60） • 漢堡排（P64） • 焗烤通心粉（P68）	• 菠菜 • 豆芽菜 • 豆腐
2分	• 較易煮熟的食品 • 燉菜 ※需加熱1分30秒較大且厚的食品列能列入對象	• 雞肉沙拉（P18） • 照燒雞肉（P24） • 照燒鰤魚（P27） • 燉羊棲菜（P32） • 燉蘿蔔乾絲（P34） • 蕪菁燉雞肉燥（P40） • 麻婆茄子（P47） • 照燒豬排骨（P50） • 中華風炒什錦（P52） • 雞肉丸子（P67）• 日式炒蓮藕（P22）	• 小松菜 • 紅椒 • 茄子
2分30秒	• 不易煮熟的食品 • 燉菜 ※雖然容易煮熟，視大小而定也可列入對象	• 叉燒肉（P48） • 馬鈴薯燉肉（P28） • 小芋頭燉雞肉燥（P43） • 燉南瓜（P20） • 筑前煮（P36）	• 番薯 • 洋蔥 • 南瓜 • 馬鈴薯
以200W加熱 5～10分 （無關重量）	• 不易煮熟的食品 • 想將燉菜煮至柔軟的狀態時	• 馬鈴薯燉肉、筑前煮等	
20秒～1分	• 醬汁煮至收汁　拿出食材，將器皿內剩餘的醬汁煮至收汁 ※先加熱30秒觀察情況	• 各式燉菜等	
4分30秒／1杯米 + 以200W加熱15分 （無關重量）	• 煮飯	• 白飯（P86）	
6分／1杯米 + 以200W加熱15分 （無關重量）	• 雜煮飯等米＋配料	• 抓飯（P88） • 雜煮飯（P91）	

冬粉的量和水量及加熱時間的關係

冬粉的量	10g	20g	30g	40g	50g
水量	50g	100g	150g	200g	250g
微波爐加熱時間	1分	1分45秒	2分30秒	3分15秒	4分

通心粉的加熱時間和水量

關於水量 （通心粉重量×3）＋（15g×指定煮麵時間）

指定煮麵時間（分）	煮3分	煮4分	煮8分	煮9分
通心粉重量	水量	水量	水量	水量
10g	75g	90g	150g	165g
20g	105g	120g	180g	195g
30g	135g	150g	210g	225g
40g	165g	180g	240g	255g
50g	195g	210g	270g	285g
60g	225g	240g	300g	315g
70g	255g	270g	330g	345g
80g	285g	300g	360g	375g
90g	315g	330g	390g	405g
100g	345g	360g	420g	435g

關於加熱時間 （水量÷100×1.5）＋指定煮麵時間　※以10進位法計算後再換算成60進位法。以10秒為單位，尾數去掉。

指定煮麵時間	煮3分	煮4分	煮8分	煮9分
通心粉重量	加熱時間	加熱時間	加熱時間	加熱時間
10g	4 分	5 分 20 秒	10 分 10 秒	11 分 20 秒
20g	4 分 30 秒	5 分 40 秒	10 分 40 秒	11 分 50 秒
30g	5 分	6 分 10 秒	11 分	12 分 20 秒
40g	5 分 20 秒	6 分 40 秒	11 分 30 秒	12 分 40 秒
50g	5 分 50 秒	7 分	12 分	13 分 10 秒
60g	6 分 20 秒	7 分 30 秒	12 分 30 秒	13 分 40 秒
70g	6 分 40 秒	8 分	12 分 50 秒	14 分 10 秒
80g	7 分 10 秒	8 分 30 秒	13 分 20 秒	14 分 30 秒
90g	7 分 40 秒	8 分 50 秒	13 分 50 秒	15 分
100g	8 分 10 秒	9 分 20 秒	14 分 10 秒	15 分 30 秒

義大利麵的加熱時間和水量

關於水量 （義大利麵重量×1.5）＋（15g×指定煮麵時間）

指定煮麵時間（分）	煮5分	煮6分	煮7分	煮8分
義大利麵重量	水量	水量	水量	水量
80g	195g	210g	225g	240g
100g	225g	240g	255g	270g
120g	255g	270g	285g	300g
160g	315g	330g	345g	360g
200g	375g	390g	405g	420g

關於加熱時間 （水量÷100×1.5）＋指定煮麵時間　※以10進位法計算後再換算成60進位法。以10秒為單位，尾數去掉。

指定煮麵時間（分）	煮5分	煮6分	煮7分	煮8分
義大利麵重量	加熱時間	加熱時間	加熱時間	加熱時間
80g	7 分 50 秒	9 分	10 分 20 秒	11 分 30 秒
100g	8 分 20 秒	9 分 30 秒	10 分 40 秒	12 分
120g	8 分 40 秒	10 分	11 分 10 秒	12 分 30 秒
160g	9 分 40 秒	10 分 50 秒	12 分 10 秒	13 分 20 秒
200g	10 分 30 秒	11 分 50 秒	13 分	14 分 10 秒

不能秤重時好便利！ 食材的重量基準

下面將超市常見食材的一般重量彙整成一覽表。

分類	食材名稱	基準	重量	可食用部位的重量
肉	牛肉片（壽喜燒用）	1片	15g	15g
	牛肉（牛排用）	1片	150～200g	150～200g
	豬肉（豬肉蓋飯、豬排用）	1片	100g	100g
	豬肉片	1片	20～25g	20～25g
	雞胸肉	1片	200～300g	200～300g
	雞腿肉	1片	200～300g	200～300g
	雞柳	1條	50～70g	50～70g
	培根	1片	17g	17g
蔬菜	蕪菁（根）	1個	30～85g	25～70g
	南瓜	1個	1200～1600g	1100～1400g
	高麗菜	1片	50～90g	45～90g
	小黃瓜	1條	100g	95g
	小松菜	1束	300g	250g
	番茄	1個	150～200g	145～190g
	牛蒡	1根	180g	160g
	馬鈴薯	1個	100～150g	90～135g
	小芋頭	1個	50～70g	45～60g
	番薯	1個	200～300g	180～270g
	茄子	1根	80～100g	70～90g
	韭菜	1束	100g	95g
	胡蘿蔔	1根	150～200g	135～180g
	白蘿蔔	1根	1200g	1000g
	洋蔥	1個	200～220g	190～200g
	紅椒	1個	120～150g	105～135g
	青椒	1個	30～50g	25～40g
	青花菜	1球	15g	15g
	大白菜	1片	100～150g	95～150g
	萵苣	1片	30～40g	30～40g
	菠菜	1束	200g	180g
	豆芽菜	1袋	200g	190g
	蓮藕	1節	100～300g	80～240g
菇類	金針菇	1袋	100g	85g
	杏鮑菇	1根	40g	35g
	香菇	1個	15g	10g
	鴻喜菇	1袋	100g	90g
	舞菇	1袋	100g	90g
魚貝類	鰤魚切片	1塊	80～100g	80～100g
	蝦	1尾	15～20g	13～17g
	鮭魚切片	1塊	100g	100g
	花蛤（帶殼）中	1個	8～15g	3～6g

主要調味料的重量換算和鹽量基準

下面彙整了常用調味料的重量和鹽分。

調味料名稱		1小匙（5ml）重量（g）	1小匙（5ml）鹽分量（g）	1大匙（15ml）重量（g）	1大匙（15ml）鹽分量（g）
蠔油		6	0.7	18	2.1
太白粉		3	0.0	9	0.0
法式清湯粉		3	1.3	9	3.9
雞湯粉		3	1.2	9	3.6
和風高湯粉	無添加鹽	3	0.1	9	0.3
	含鹽	3	1.2	9	3.7
韓式辣醬		7	0.5	21	1.5
麵粉（低筋・高筋）		3	0.0	9	0.0
糖（上白糖）		3	0.0	9	0.0
鹽	粗鹽	5	4.9	15	14.6
	精製鹽	6	6.0	18	17.9
醬油	淡口	6	1.0	18	2.9
	濃口	6	0.9	18	2.6
醬汁	伍斯特醬	6	0.5	18	1.5
	中濃	7	0.4	21	1.2
豆瓣醬		7	1.2	21	3.7
番茄醬		6	0.2	18	0.6
菜籽油		4	0.0	12	0.0
奶油（有鹽）		4	0.1	12	0.2
蜂蜜		7	0.0	21	0.0
麵包粉（生・乾燥）		1	0.0	3	0.0
柚子醋醬油		6	0.5	18	1.4
蛋黃美乃滋		4	0.1	12	0.2
味噌	米味噌（白、甜）	6	0.4	18	1.1
	米味噌（淡色辣）	6	0.7	18	2.2
	豆味噌	6	0.7	18	2.0
	麥味噌	6	0.6	18	1.9
	米味噌（紅色辣）	6	0.8	18	2.3
味醂（本味醂）		6	0.0	18	0.0
味醂風調味料		6	0.0	19	0.0
麵味露	直接使用	6	0.2	18	0.6
	三倍濃縮	7	0.7	21	2.1
牛奶		5	0.0	15	0.0
酒		5	0.0	15	0.0
烤肉醬		6	0.5	18	1.5
鮮奶油（高脂）		5	0.0	15	0.0
起司粉		2	0.1	6	0.2
米醋、穀物醋		5	0.0	15	0.0
料理酒		5	0.1	15	0.3

本書的調味法則一覽

為方便製作，同樣也根據法則來決定調味。
比例是針對食材重量而定，敬請參考。

調味分類	每100ｇ食材（肉、魚、蔬菜等）	料理範例
和風照燒口味	醬油　1小匙（6ｇ） 糖　1小匙（3ｇ）	• 薑燒豬肉（P14） • 燉南瓜（P20） • 日式炒蓮藕（P22） • 照燒雞肉（P24） • 照燒鰤魚（P27） • 叉燒肉（P48） • 照燒豬排骨（P50） • 雞肉丸子（P67）
和風燉菜醬油口味	醬油　1小匙（6ｇ） 糖　1小匙（3ｇ） 和風高湯粉　0.5ｇ 水　1～2大匙（15～30ｇ） ※水會隨著材料的水量而改變	• 牛肉蓋飯（P12） • 馬鈴薯燉肉（P28） • 白蘿蔔燉雞肉（P31） • 燉羊棲菜（P32） • 燉蘿蔔乾絲（P34） • 筑前煮（P36） • 竹筍土佐煮（P39） • 蕪菁燉雞肉燥（P40） • 小芋頭燉雞肉燥（P43）
麻婆類	蠔油　½小匙（3ｇ） 甜麵醬　⅓小匙（2ｇ） 豆瓣醬　⅓1小匙（2ｇ） 雞湯粉　¼小匙（0.7ｇ） 水　2大匙（30ｇ） 甜麵醬：可改用紅味噌＋糖替代 豆瓣醬：可改用辣油或一味辣椒粉替代	• 麻婆豆腐（P44） • 麻婆茄子（P47）
中華風烤肉醬口味	烤肉醬1大匙（18ｇ） ※上下幅度為0.8～1.2ｇ，最好選用鹽分較少的產品	• 麻婆豆腐、麻婆茄子可以此替代 • 芡炒香菇油豆腐（P55）
中華風雞湯口味	雞湯粉　⅘小匙（2.4ｇ）	• 中華風炒什錦（P52）
洋風鹽味	鹽　1ｇ	• 雞肉沙拉（P18）
洋風法式清湯口味	法式清湯粉　⅘小匙（2.4ｇ） ※諸如焗烤通心粉等白醬類，則是100ｇ水加1小匙	• 焗烤通心粉（P68）
洋風番茄醬口味	番茄醬　1大匙（18ｇ） 伍斯特醬　1小匙（6ｇ）	• 茄汁豬肉（P16） • 漢堡排（P64）

＊和風高湯粉使用不添加鹽的產品。基本用量為0.5ｇ／食材100ｇ。
＊視料理而定，有時也會在調味料中加水。

按照微波爐的輸出功率　加熱時間換算表 ※1以10秒為單位，去掉尾數。

本書使用600W來進行調理，使用其他瓦數的微波爐時請參考下表。

每100g總重量加熱1分30秒的情況

總重量g	500W	600W	700W
50	50 秒	40 秒	30 秒
100	1 分 40 秒	1 分 30 秒	1 分 10 秒
150	2 分 40 分	2 分 10 秒	1 分 50 秒
200	3 分 30 秒	3 分	2 分 30 秒
250	4 分 30 秒	3 分 40 秒	3 分 10 秒
300	5 分 20 秒	4 分 30 秒	3 分 50 秒
350	6 分 10 秒	5 分 10 秒	4 分 30 秒
400	7 分 10 秒	6 分	5 分
450	8 分	6 分 40 秒	5 分 40 秒
500	9 分	7 分 30 秒	6 分 20 秒

每100g總重量加熱2分的情況

總重量g	500W	600W	700W
50	1 分 10 秒	1 分	50 秒
100	2 分 20 秒	2 分	1 分 40 秒
150	3 分 30 秒	3 分	2 分 30 秒
200	4 分 40 秒	4 分	3 分 20 秒
250	6 分	5 分	4 分 30 秒
300	7 分 10 秒	6 分	5 分
350	8 分 20 秒	7 分	6 分
400	9 分 30 秒	8 分	6 分 50 秒
450	10 分 40 秒	9 分	7 分 40 秒
500	12 分	10 分	8 分 30 秒

每100g總重量加熱2分30秒的情況

總重量g	500W	600W	700W
50	1 分 30 秒	1 分 10 秒	1 分
100	3 分	2 分 30 秒	2 分 10 秒
150	4 分 30 秒	3 分 40 秒	3 分 10 秒
200	6 分	5 分	4 分 10 秒
250	7 分 30 秒	6 分 10 秒	5 分 20 秒
300	9 分	7 分 30 秒	6 分 20 秒
350	10 分 30 秒	8 分 40 秒	7 分 30 秒
400	12 分	10 分	8 分 30 秒
450	13 分 30 秒	11 分 10 秒	9 分 40 秒
500	15 分	12 分 30 秒	10 分 40 秒

前田量子

料理家。管理營養士。一般社團法人日本邏輯調理協會代表理事。初級蔬菜調理師。前田量子料理教室主辦人。於東京理科大學畢業後,就讀織田營養專門學校,學習營養學。並先後在東京會館、辻留料理塾、柳原料理教室、巴黎藍帶廚藝學校學習料理。曾任職於保育園和醫院、經營咖啡廳,其後主辦基於調理科學指導料理的料理教室。任誰都能輕鬆重現正統料理、以調理科學為根據的食譜廣受肯定,精美的擺盤也備受好評,亦參與不少雜誌和電視廣告、提供企業食譜設計等工作。著有《誰都能1回で味が決まるロジカル調理》、《ロジカル和食》、《考えないお弁当》、《おうちで一流レストランの味になるロジカル洋食》(以上皆是主婦之友社出版)。

烹飪助理

岩崎幸枝、佐藤絵理、楢山亜都子、二階堂麻奈美

參考文獻

『NEW 調理と理論 第二版』/同文書院、『マギー キッチンサイエンス』/共立出版、『新版 調理学(栄養管理と生命科学シリーズ)』/理工図書、『調理学(テキスト食物と栄養科学シリーズ)』/朝倉書店、『日本食品成分表 2021 八訂 栄養計算ソフト・電子版付』/医歯薬出版、『調理のためのベーシックデータ』、『八訂 食品成分表 2021』、『食品の栄養とカロリー事典改訂版』/以上女子栄養大学出版部

STAFF

装幀・設計　加藤京子(Sidekick)
攝影　大井一範
編輯・造型　杉岾伸香(管理栄養士)
DTP 製作　伊大知桂子(主婦の友社)
責任編輯　宮川知子(主婦の友社)

一発で加熱成功!
味つけの失敗なし!ロジカル電子レンジ調理
© Ryoko Maeda 2022
Originally published in Japan by Shufunotomo Co., Ltd
Translation rights arranged with Shufunotomo Co., Ltd.
Through CREEK & RIVER Co., Ltd..

微波爐邏輯調理公式

出　　　　版/楓葉社文化事業有限公司
地　　　　址/新北市板橋區信義路163巷3號10樓
郵 政 劃 撥/19907596　楓書坊文化出版社
網　　　　址/www.maplebook.com.tw
電　　　　話/02-2957-6096
傳　　　　真/02-2957-6435
作　　　　者/前田量子
翻　　　　譯/黃琳雅
編　　　　輯/王綺
內 文 排 版/楊亞容
校　　　　對/邱凱蓉
港 澳 經 銷/泛華發行代理有限公司
定　　　　價/360元
初 版 日 期/2023年2月

國家圖書館出版品預行編目資料

微波爐邏輯調理公式 / 前田量子作;黃琳雅譯
. -- 初版. -- 新北市:楓葉社文化事業有限公司, 2023.02　面;　公分
ISBN 978-986-370-505-5(平裝)

1. 烹飪　2. 食譜

427.1　　　　　　　　　　　　111020132